一看就懂！圖解 1小時讀懂杜拉克

經營顧問・日本「杜拉克『管理』研究會」主持人
森岡謙仁 著
朱麗真 譯

図解 ドラッカー入門

前　言

看到「管理」二字，相信很多人會直接聯想到「事業」與「經營」，一般也都會在「管理」與「提高公司獲利、擴大公司規模」之間劃上等號。但是，這跟「管理之父」彼得・杜拉克所談的管理，其實是有很大的不同。

杜拉克會將管理系統化，的確是起因於對美國「通用汽車公司」（GM）的研究，而他也在之後為各行各業提供顧問諮詢服務的過程中，逐漸整理出對管理的看法。但是當時杜拉克所著眼的是**未來的社會**，他所談的管理，是針對事業與經營以外的。

一九〇九年出生於奧地利維也納，在歐洲度過青年時期的杜拉克，經歷過兩次的世界大戰。他在二十歲出頭時，曾經當過報社記者直接採訪過希特勒，親身感受到德國納粹獨裁政權正以極快的速度在破壞文明與社會。

對當時的杜拉克來說，出現屠殺猶太人這類悲劇的社會，以及導致大屠殺發生的人類心理、人類行為，都有很大的問題。

「到底怎樣的組織與社會才能讓人類幸福呢？」

這點成了他終其一生所關心的課題，而同時，他也貫徹其客觀分析社會的立場。杜拉克曾經提到發生在他十三歲時的一件事，在祖國奧地利國慶日當天，走在抗議隊伍最前頭的他，突然脫隊回家。之後他不再扮演社會運動家的角色，而是專心在自己擅長的寫作上，要透過寫作改變社會。

人們在提及杜拉克的管理時，總是只看到他**經營學家**的身分，但是如果真心想要理解他的想法，一定要先理解他是怎麼看待**下一個社會（Next Society）**。

管理不單只是商業用語，而是我們要打造全新社會時所不可缺少的概念。

這本《一看就懂！圖解1小時讀懂杜拉克》，便是斟酌這樣的背景，要以簡單易懂的方式，為工作族介紹對大家都有幫助的杜拉克的概念。我了解「管理」是杜拉克一輩子的課題，也廣泛閱讀參考了他的著作，相信讀者們一定可以因此掌握到杜拉克的管理概念與社會觀點的全貌。

讓我們透過本書學習杜拉克，在工作上發揮彼此的長處，為打造更美好的社會一同努力。

森岡謙仁

本書的讀法與用法

本書就像左圖一樣，由**五個階段**組成，就像各個階段的名稱：「工作族」、「前輩」、「主管與經理人」、「領袖與經理人」、「創新者」，這些是工作族的成長過程，所以建議從頭讀起。

全書有**四十八小節**，各小節的標題是工作族在各個階段會遇到的煩惱，內文是相關的杜拉克的解說。文中會以（☞參考48）這樣的形式，提示相關小節的編號，供讀者對照閱讀，加深理解。

各個階段最後的「**關鍵字加深印象！ 杜拉克的管理***」，是該階段重要單字的一覽，供讀者複習。「**進階閱讀****」則是為想要進一步閱讀杜拉克的人所設的。

＊ 沒有特別提及時，所列舉的都是已經出現在杜拉克著作中的關鍵字。

＊＊ 書名沿用中文版本的譯名。

本書的構造

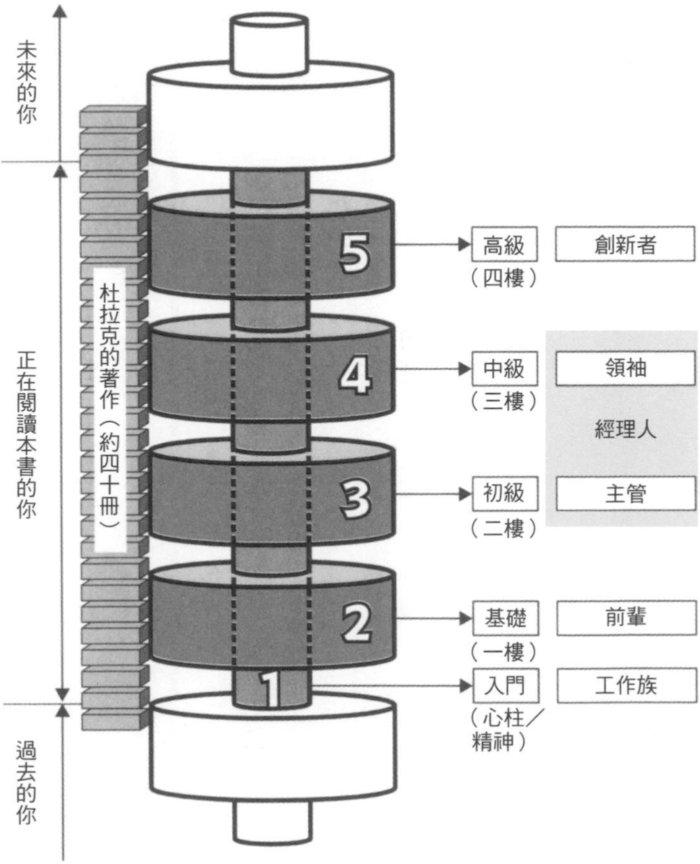
未來的你
正在閱讀本書的你
過去的你
杜拉克的著作（約四十冊）
5
4
3
2
1
高級
（四樓）
創新者
中級
（三樓）
領袖
經理人
初級
（二樓）
主管
基礎
（一樓）
前輩
入門
（心柱／精神）
工作族

階段1 學習杜拉克 給工作族的管理入門

CONTENTS

階段3 學習杜拉克 給主管與經理人的初級管理

CONTENTS

CONTENTS

階段 1

學習杜拉克

給工作族的管理入門

本階段為杜拉克管理的入門篇，要學習貫穿基礎到高級的管理支柱，也就是管理精神之「工作原則」。

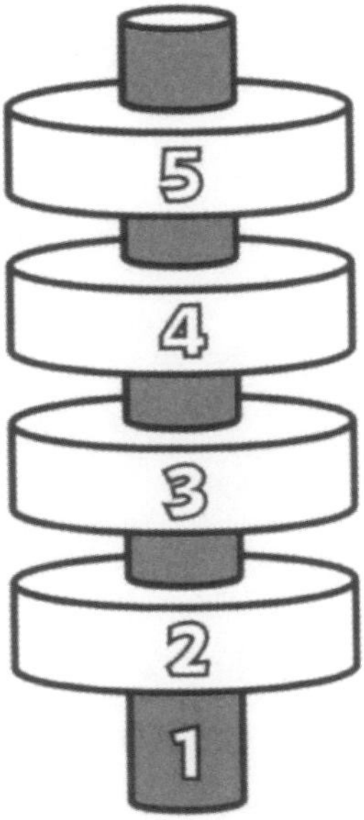

此階段的學習重點

希望工作族學會管理的精神，打下讓人生與社會更美好的基礎。

「七項體驗」打造「管理」基礎

杜拉克提倡的管理基礎，受到人生體驗很大的影響，包括小學時代到四十幾歲的「七項體驗」。他在日後回顧此生時提到的七項體驗如下：

（1）知名音樂家威爾第（Giuseppe Verdi，一八一三～一九〇一）的故事——感佩他八十歲了，還是努力要創作完美音樂。

（2）古代希臘雕刻家菲狄亞斯（Phidias，約西元前四八〇～四三〇）的故事——感佩他連雕像的背面也不馬虎，理由是「上帝看得到」。

（3）每隔三、四年更換一個研究主題的學習方法——在法蘭克福從事報社記者工作時學會的方法。

（4）與主管個別談話——在當報社記者時代，總編輯要求他定期審視工作狀況。

（5）組織期待你做的工作——轉換跑道後作法卻跟前一份工作一樣，結果遭到主管斥責：「想想公司希望你做的是什麼？」

（6）比較事前寫下的期待與事後的結果——研究十五～十六世紀的歐洲時，發現這是讓兩個社會組織成長的共通方法。

（7）認識經濟學家——與父親阿道夫（Adolf Drucker）前往拜訪經濟學家熊彼得（Joseph Schumpeter）時，突然悟到「你希望後人記住你什麼？」這句話的意思。

我會介紹他的這些經驗，同時帶領各位來看杜拉克的管理原則。

1 我們為什麼要工作？

工作的價值是？▼▼▼ 無法在目前的工作中感受到價值。

●思考「持續工作的意思」

人多少都會有工作不如意，甚至失去幹勁的時候。但因為失去工作幹勁、找不到工作價值，而怪罪社會或其他，問題還是無法獲得解決。我們的人生有大半時間在工作，讓我們一起來思考「為什麼我們要一直工作？」

◎工作的原則是「貢獻」

曾經工作過的人一定都有過工作結束後被人道謝的經驗，而且也會因此而感到高興。杜拉克說貢獻是工作的基本態度。**貢獻是指對人有幫助**，幫助不知如何是好的人們以及職場同事，主動承接工作。

工作的結果將影響當事人與組織以外的人，也就是說，主管、同事、顧客、交易廠商是承受工作結果的一方。當他們滿意時，那件工作就算是成果，同時我們也一定能夠感受到價值，「想要做得更好」、「更加貢獻己力」、「讓對方更滿意」的想法會自然湧現。

當然，努力找出可以讓這些人高興的工作也很重要，有價值的工作基本上靠自己尋覓，好好地將分派到的工作做出結果，如果對方因此感到開心，這就是偉大的貢獻。

◎「你希望後人記住你什麼？」

杜拉克參加睽違六十年的同學會時，在場的每個人都說忘不了十三歲時宗教老師問大家的一句話，那就是「**你希望後人記住你什麼？**」，當你思考如何藉由工作付出貢獻時，可以從這句話獲得提示。

比方說立志「為貧窮故鄉的發展竭盡心力」，那麼工作、讀書的態度一定不一樣，不會虛度光陰，感興趣的事物與時間規劃也會跟著改變。當生活與工作方式因為志向而有明確目標，主管與同事、交易廠商都會滿意你的工作，對你有更好的評價，你就能看到一個全新的自己。

在跟**經濟學家熊彼得**＊的對話中，他體會到「你希望後人記住你什麼？」的答案應該隨著年齡改變，**這個問題的真正價值在於，它為人們的人生帶來正向改變**。

希望讀者們也能不斷自問，跟偉大經營學家杜拉克一樣，立志貢獻社會，永不退休。

＊熊彼得（Joseph Schumpeter，一八八三～一九五〇）：出生於奧地利的經濟學家，指出經濟在企業家的創新（改革）下發展。

我們為什麼要工作？

到底是為了
什麼……
什麼是工作的
價值……
到底該從事
什麼工作？
我也不斷自問，「你希望後人記住你什麼？」這句話。
感謝
貢獻
將技術推廣到
全世界。
為故鄉的發展
竭盡所能！
用笑容讓身旁的
每個人都開心。

2 人事異動不如所願

不被同事認同 ▼▼▼ 人事異動不如所願，雖然工作內容還不熟悉，但是希望獲得同事認同。

那樣的人事安排或許是個轉機

對工作族來說，人事安排總無法盡如人意，因為牽涉的因素太多、太複雜，我們很難正確了解那個安排背後真正的原因。某方面可以說是逆境，但是如果能夠克服，把它當成轉機，不但能夠獲得公司認可，也會帶來很大的自信。

◎清楚「組織對你的期待」

二十五、六歲的杜拉克進到倫敦的一家銀行上班，他說剛開始還是用從前的方式（證券分析師）工作，結果被主管罵得很慘：「好好想想該做些什麼！」

換到新職場這是必然的，杜拉克從這個經驗學到教訓，那就是，要想在新職場做出亮眼成績，就一定要**集中心力在公司希望我們做的重要工作上**。

不管你是否中意這個職場，工作原則是一樣的，進到新單位後，首先一定要好好思考「該做些什麼才能提高成果」，也應該請教主管，了解職場的目標與課題，自己被賦予的目標以及被要求達到的成果為何。主管一定會明確指出工作重點，像是「這個部分要確實做好」等等，清楚之後只需要專心投入被要求的工作，努力做出成果。

◎「設定目標→檢查結果」是做出成果的原則

要在新職場獲得評價，得靠做出成果。每一件工作一定都有「為了什麼」的**目的**以及「希望成為什麼」的**願景**（vision），工作若沒有「要在何時達成目的」的具體**目標**，就不可能獲得預期成果。

以業務部為例，要訂出年營業額目標，並擬定每月的營收目標與業務計畫以具體實現。更進一步，每週都要檢查達成狀況，比對結果與營收目標、活動計畫，重新審視下個月以後的目標與計畫。

在報社工作的年輕杜拉克也做了類似的事情，每個星期他會與總編輯就工作狀況進行個別談話，同時每年有兩次討論「哪些地方應該改善」、「哪些地方要再學習」的時間。

因為有這些經驗，杜拉克總是強調**定期跟主管共同審視工作目標與成果**（參考31）的重要性。

人事異動不如所願

OO部
焦慮
不安
不滿
對了！問看看好了。
不管在哪個部門，工作原則都一樣，要知道部門希望你做的事情！
目的為何？
何時之前完成？
得交出怎樣的成果？
為此應該做的事情？
報告目標與達成狀況。
討論課題與評估達成事項。
「定期與主管討論」，是我過去的心得。

3 不想輸給對手

想早日出人頭地▼▼▼ 我知道每個人的際遇都不一樣，但是不想輸給同時進公司的那批人與對手，我想知道早日升官的祕訣。

●還有比「懂得做人」更重要的事

即使同期的同事或者對手中有人因為「懂得做人」而升官，但是公司也越來越不好混，如果沒有相應的實力，不知道能夠保住地位多久。在漫長的職涯路上，還是要以善始善終的方式贏過對手。

◎工作實力的好壞端看是否負責

組織裡有人希望「早點升上課長、部長」，不能說這樣的目標不好，但是如果演變成「不擇手段都要出人頭地」，是很危險的。以企業受社會詬病的「做假帳」一事為例，不能否定原因大多出在自私的業績至上、獲利至上主義。正因為這類組織的老闆、經營幹部有「不擇手段都要出人頭地」的想法，才會做出不負責任的事情。

應該觀察經營幹部以及員工的工作態度，透過內部牽制彼此的機制（防範違規於未然），避免公司做出違反社會常規的事情。

杜拉克重視**負責的工作態度更甚頭銜，推崇能夠成為同事楷模的工作態度**。

◎追求「完美」，一絲不苟

十八歲時就讀漢堡大學的杜拉克，深受名作曲家威爾第的歌劇感動。從小有「書蟲」之稱的他，馬上找出與他有關的著作，想從書中認識這位作曲家，當他知道威爾第當時雖然已經八十歲了，卻還是努力要創作完美樂章，更是由衷感佩。

就在那同時，他讀到希臘雕刻家菲狄亞斯的故事。委託菲狄亞斯進行雕刻的雅典出納以「雕像的背面看不到……」為由，拒付另一面的報酬時，菲狄亞斯回答，「**上帝看得到**。」

這幾個經驗讓杜拉克發誓**一生都要追求**完美，也因為《杜拉克：企業的概念》（*Concept of Corporation*）這本書，讓他正式開始研究管理問題，並做為終其一生的研究。他的一生也讓我們了解，工作的成功不在於出人頭地，而是對自己的工作負責，並且不斷追求完美。

不想輸給對手

絕對不能輸給那傢伙！
上帝看得到。
不斷追求完美。
這是我在年輕時立下的誓言。
完美
誠實
負責
頭銜
做假／虛偽
不負責任的工作
工作的成功端看負責與否！
完美
誠實
負責
要追求完美。
頭銜
做假／虛偽
不負責任的工作

4 想要提升自己的優勢

公司注重學歷 ▼▼▼ 公司同事的學歷都比我好，雖然如此，還是希望能夠做得有聲有色，挑戰不同工作。

●學歷並非最重要

學歷好當然是強項，但是學歷的優勢能夠維持多久是個問號，反倒是「出社會以後如何努力讓自己成長」、「學歷以外的長處」更為重要。

◎「做出成果」才知道「自己的實力」

杜拉克小學時，在班導師的指導下開始寫工作日誌，也就是記錄計畫與結果，以及哪些做得好、哪些做不好。老師讓同學寫工作日誌，目的是幫助同學們加強各自的長處。

這是發現自身長處的方法，只要有記事本，每個人都能嘗試。是**從結果與成果認識自身長處**的做法。

之後，他也發現歐洲的兩個社會組織：耶穌會*與加爾文派**運用了類似的方法。那就是，在著手重要事情時，會先寫下期待的成果，過了一段時間再跟結果做比對的方法。

這是一般稱為**反饋法**（Feed Back）的方法，事前期待的成果最終若能實現，代表是有實力的。

◎長處就像「容器」

杜拉克說**長處就像容器**。但他所說的長處，指的並不是技術、技能，而是強調在專長領域的適應力與包容力。一味地從「能夠」與「不能夠」的角度過分強調長處，可能助長類似學歷至上的不良競爭意識。每只容器的大小以及適合使用的場合都不一樣，但是都有它的用途與價值在。

＊耶穌會（Society of Jesus）：一五三四年創立於巴黎的天主教修道團體。
＊＊加爾文派（Calvinism）：十六世紀中期推動基督教改革的教派之一，奉行加爾文（一五〇九～一五六四）所提倡的神學教理。

◎每個人的長處都不只一個

在法蘭克福擔任報社記者的年輕杜拉克，在勤奮閱讀大量書籍的過程中了解到，**每三到四年更換關注課題，及從事研究新課題**的重要性，日後他也終其一生貫徹這種學習型態，透過學習**不斷讓自己成長**。

也就是說，在發現自己的長處後，除了讓長處更強外，要再發展出其他新的長處，並非不可能的任務。

想要提升自己的優勢

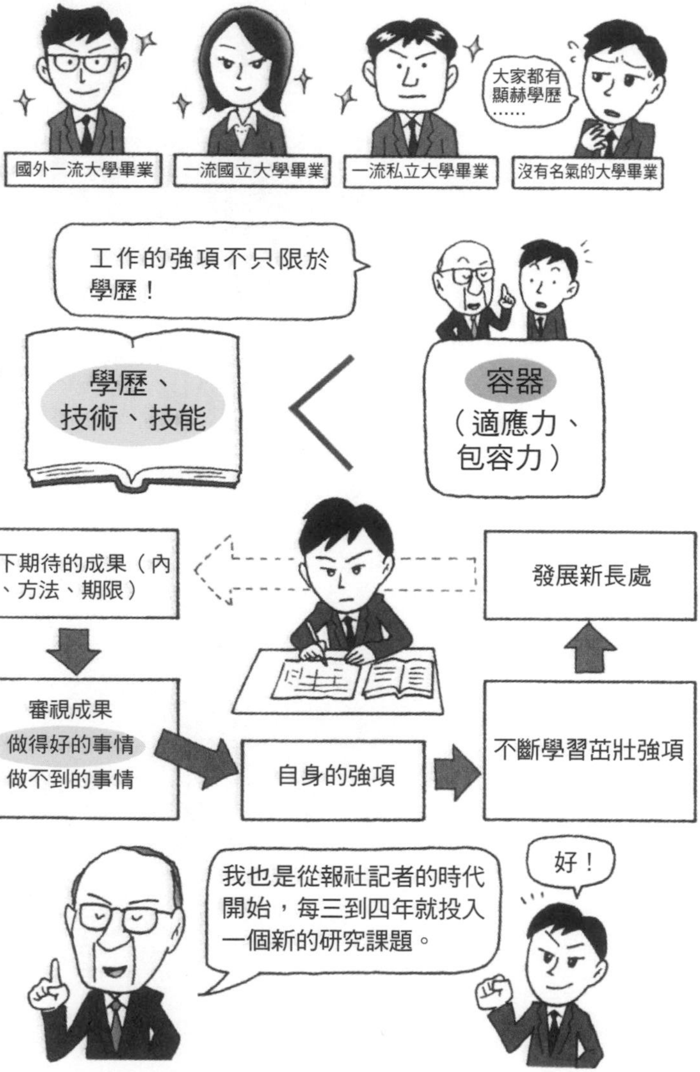
大家都有顯赫學歷……
國外一流大學畢業
一流國立大學畢業
一流私立大學畢業
沒有名氣的大學畢業
工作的強項不只限於學歷！
學歷、技術、技能
容器（適應力、包容力）
寫下期待的成果（內容、方法、期限）
審視成果
・做得好的事情
・做不到的事情
自身的強項
不斷學習茁壯強項
發展新長處
我也是從報社記者的時代開始，每三到四年就投入一個新的研究課題。
好！

5 該從哪裡開始呢？

1H

優柔寡斷不知如何是好▼▼▼ 主管要我「準備會議資料」、客戶要我「進行提案」、前輩要我「幫忙寫企劃案」、會計部要我「趕快報差旅費」，有來自四面八方的各種工作要做，但是我自己還得「擬定下個月的業務計畫」，已經不知道該從哪件事情開始。

決定行動，專注在重要事項

同時面對許多需求與課題時，我們容易失去主張，不知道從何下手，決定行動是工作的基本動作，為了做出好成果，重要的是集中心力在重要事項上。

◎訂出「標準」，排定「優先順序」

排定優先順序是看出重要事項的方法，可以根據時間的急迫性來決定優先順序，像是「緊急萬分」、「不快點做會給很多人添麻煩」等，也可以用「顧客需求為第一」、「主管命令為第一」做為排定標準。

以什麼事情為最優先，牽涉到價值判斷，在組織工作時，組織的首要價值（寫在經營理念與社訓中）應該是最重要的。

◎決定優先順序的四個要點＊

杜拉克認為組織的首要目的是交出成果，為此，**決定優先順序**時有以下的幾個重點。

（1）相較已經發生的事情，要優先處理影響未來發展的事情。

（2）相較問題（組織內部的課題等），要優先處理可以帶來全新機會的事情。

＊參考：《杜拉克談高效能的5個習慣》（*The Effective Executive*）第五章。

（3）相較流行與模仿，要以獨創性為優先。

（4）相較容易的事情，要優先處理可能困難，但是有助問題改善的事情。

根據這四個要點評估前面提到的狀況，就知道要先處理客戶要求的提案，然後是擬定下個月的業務計畫。

當然現實中，可能得優先幫忙寫企劃案以及報差旅費。所以平常就要跟主管確認組織的價值判斷。

◎決定「劣後順序」也很重要

話雖如此，在排定優先順序後，課題還是不斷增加，還是會忙不過來，結果可能錯失良機。杜拉克說要訂出終止順序，定期捨棄。為了防止這樣的事情發生，要重新審視哪些工作已經不可能做出成績、或已不具建設性。

依照劣後順序有計畫地割捨，也適用在文件與書架的整理，是要交出好成績時不可缺少的。

該從哪裡開始呢？

拜託，幫幫忙～
啊～又來了～
好、好的！
準備會議資料！
來個好提案吧，麻煩囉！
快點報這個月的費用啦！
為了做出成績，要從該做的事情著手。
過去＜未來
問題＜機會
流行＜獨創性
簡單＜難題
首先要訂出工作的優先順序。
該怎麼拿捏呢？
公司內部的專案
公司外部的專案
請教主管公司的價值判斷。

決定劣後順序

審視工作。
不具建設性的工作
該做的工作
決定終止順序。
1 2 3 4
要定期割捨工作。

6 想要善用時間

不懂得善用時間 ▼▼▼ 總要撐到最後一刻才開始重要的工作，因此很難獲得滿意的結果。

●浪費時間也會毀了別人的成果

不懂得善用時間，有的時候不是摸摸鼻子道歉就可以解決，當工作得靠團隊合作完成時，可能會因為一個人的不守時而做不好。

因此，讓我們一同思考如何有效運用時間。

◎試著記錄「時間安排」

記錄每天的體重就能減重的方法，曾經蔚為話題；杜拉克建議也可以如此**管理時間**，也就是寫下「做了哪些工作」、「工作的開始與結束時間」、「工作的結果」等。不過，並不需要三百六十五天，無時無刻不在記錄，他強烈建議**每年做兩次左右的紀錄，每次的期間大概是三到四週，記錄之間的時間安排**就好。

缺少時間觀念又沒有自制力，很容易被工作以及身旁的人牽著鼻子走，時間的運用容易變得沒有效率。記錄時間的安排，就會知道蹉跎了哪些時光，就能進一步改善。

◎時間管理的三項基本要素*

以寫作為本業的杜拉克需要很多時間讀書、做研究，他根據自身經驗，列舉出審視時間運用時的幾個要點。

（1）不做非必要的事情。

（2）不需要我也可以做到的事情，就交給別人去做。

（3）排除浪費時間的原因（斷絕誘惑以及壞習慣等）。

＊參考：《杜拉克談高效能的5個習慣》第二章。

若說有訣竅，就是**盡早留下足夠時間做重要工作**，因此要**根據劣後順序割捨工作**、空出時間。時間管理可說是自我管理的基礎。參考5

◎應該把時間花在「自己的專長」與「對組織的貢獻」上

那麼，要把大部分的時間花在哪些工作上呢？

首先是自己擅長的領域的工作，另外就是優先順序高的工作。兩者互異時，要根據組織價值觀自行判斷。決定要把時間花在哪些工作後，再訂出目標與預期達到的水準才著手工作，這是為了日後要比較目標與結果。

有更多時間貢獻給組織，獲得好成績的機率就會增加。此外，如果能夠為自己留下更多時間發揮專長，即使組織對你的期待有些高，達成的可能性也會增高。

想要善用時間

企劃會議時間表
慘了！
後天要提交的資料還沒完成……
先試著花三到四週記錄時間的安排情形。
・工作內容
・開始與結束的時間
・結果
不做非必要的事情。
非必要、壞習慣、誘惑
不用我也可以做到的事就交給別人
時間管理是自我管理的基礎！
非必要
不用我也可以
空出時間做重要工作
決定優先順序與目標、預期達到的水準。
著手工作。
嗨！
最近工作情形不賴喔！

7 主管不夠可靠

主管無能▼▼▼ 我的主管給下屬的指令不清不楚，開會也不大發表意見，老實說，我很難尊敬他，我很擔心團隊因為他而表現不佳，連帶影響公司對我的評價。

教育主管不是下屬的工作

確實，有不少主管讓人難以尊敬。但是，除非他要你給意見，否則調教主管不是下屬的責任，工作上還是得好好配合。

◎「禁止對主管做的事情」有兩項

杜拉克說，要跟主管一起把工作做好時，有兩件事情是絕對禁止的。

第一就是**不可以沒有預警地嚇主管**，部下覺得有趣而做出的驚人之舉，有時會讓主管不知所措，甚至因此不信任你。比方說在主管生日當天突然送他一大把玫瑰花，如果那位主管並不喜歡玫瑰花，他可能當場表現得很開心，但是心裡已經留下疙瘩。

或者沒有事先告知，便在與主管一同出席的會議上，揭發對他來說屬於負面的消息，那麼之後將很難建立起共同打拚的信賴關係。

還有就是，即使對主管感冒，也**絕對不能夠看不起他**。不要忘記，主管一定是有他的強項與功績，才有今天的地位。

◎「主管與下屬的關係」決定了組織的強弱

組織能否做出成績，取決於下屬與主管能否團結合作，因此，**下屬需要讓主管可以專心工作**。

我們要認同主管，協助主管把事情做好，可以怎麼做呢？比方說主動協助主管處理他不擅長的客訴案件，或者將企劃書完成。舉凡有助主管在工作上揮灑的事情，都應該積極去做。

下屬也可能扯主管後腿，因此確認主管對自己有哪些期待參考2也是很重要的。所以，平時就應該努力建立與主管的信賴關係，定期溝通，讓對方知道你「最近重視哪些事情、優先處理哪些事情」，不能輕忽這方面的努力。

杜拉克指出，不管是下屬或者主管，都有義務統籌每個人的專長，讓組織做出成績。**了解彼此的專長，並且善用**這些專長，才能將組織的力量發揮到最大。

主管不夠可靠

○○會議
○山部長
有沒有什
麼想法？
ㄟ……
啊……
討厭
不滿
不信
我可能都
只看到他
的缺點…
你真的了解主管的
個性以及他的價值
觀、專長嗎？
這部分我來就好。
!
上司的
專長
自己的
專長
做身為下屬所能做的
加深彼此的了解
我會加油的。
你是我的
左右手。
上司的
專長
自己的
專長
信賴
提高團隊力
做一個可以
補主管不足
的部下吧！

8 捅了大簍子

不敢呈報▼▼▼工作上捅了大簍子，不敢呈報。

犯錯是考驗人真實價值的時候

「搞丟貨款」、「出差錯來不及交貨」、「對顧客說謊」，犯了這類大錯時，是該想盡辦法遮掩呢？還是儘管可能被上司認為無能，仍然老實報告呢？每個人都會犯錯，犯錯之後的處置將張顯你的真正價值。

◎「誠信」是工作原則

想辦法遮掩錯誤，對組織與自己不見得好，還是應該盡快往上呈報，聽從指令行事。這不是因為關係到工作所以要這麼做，而是跟你的誠信有關。

報告後當然會受主管責罵，即使是菜鳥，老實找主管以及前輩商量請對方幫忙，將更有機會找到好的善後方法。

要謹記，**誠信**是你在往後工作生涯中，取得主管、同事、組織、顧客信賴的基本方法。

◎杜拉克所謂的「誠信」是指？

杜拉克在著作中用integrity這個單字表示誠信，這個字有「完整」、「認真」、「真摯」、「貫徹始終」、「勤奮」、「健全」、「高尚」、「遵守倫理道德」等意涵在。

他在談管理的時候，integrity這個字還有**目的**、**使命與言行合一**的意思在。工作時**言出必行**是很要緊的，日本的政客講話經常用到「真摯」兩字，真希望他們言行一致，做事要誠實。

◎工作倫理在「希波克拉底誓言」譯註1裡

過失解決後，重要的是不逃避追究原因，也就是要問自己「難道不知道會發生那種錯誤嗎？」

杜拉克引用古希臘有「醫學之父」之稱的**希波克拉底誓言**（『我要盡我的能力與判斷，找出對患者有利的醫病方法，**絕對不使用明知不好、有害的方法**。』*），表示這正是各行各業共通的倫理觀。

＊出處：小川鼎三所著《醫學的歷史》（医学の歴史），中公新書出版。
譯註1：The Oath of Hippocrates，醫學院學生畢業後，開始執業前必宣示的誓言。

捅了大簍子

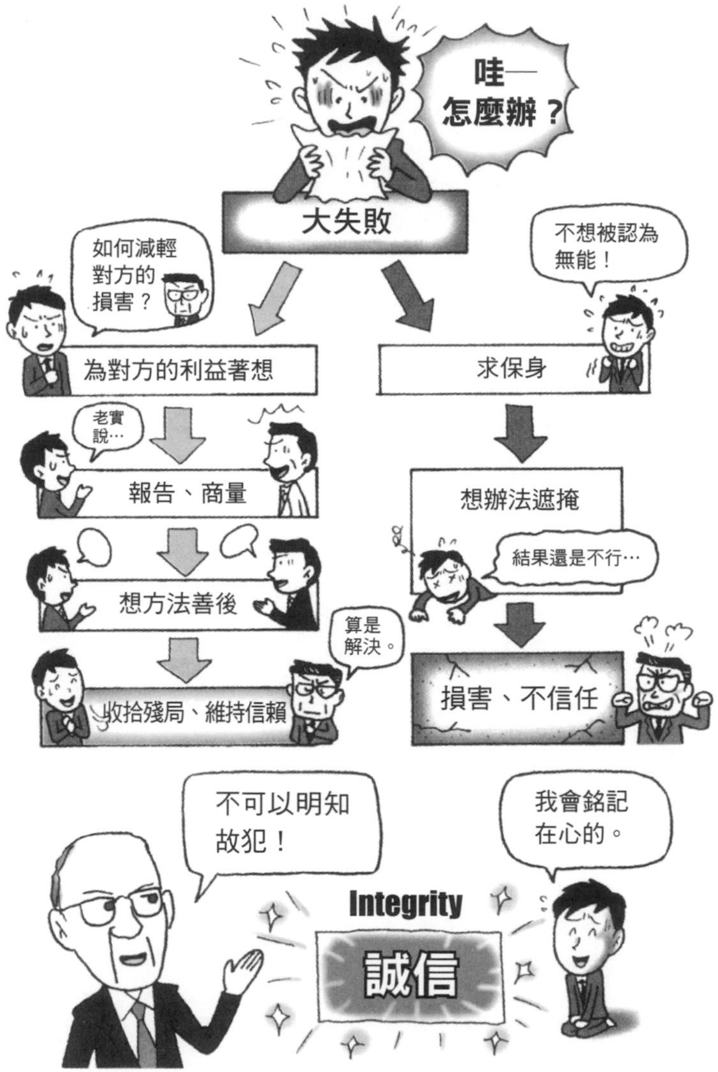

哇—
怎麼辦？
大失敗
如何減輕
對方的
損害？
不想被認為
無能！
為對方的利益著想
求保身
老實
說…
報告、商量
想辦法遮掩
結果還是不行…
想方法善後
算是
解決。
收拾殘局、維持信賴
損害、不信任
不可以明知
故犯！
我會銘記
在心的。
Integrity
誠信

▶目標 [Objectives]

為成就目的與願景，事先設定好的條件與要求，比方說「要做什麼」、「做到什麼程度」、「何時完成」等。 ☞2

▶負責 [Responsibility]

要實現目的、目標、別人對我們的要求，還有就是盡義務，杜拉克曾說過「自由伴隨著責任」。 ☞3

▶完美 [Perfect]

意思是沒有任何缺陷。杜拉克從七個經驗中的「威爾第的故事」、「雕刻家菲狄亞斯的故事」中，體認到「追求完美的態度」，這也是杜拉克所追求的。 ☞3

▶長處 [Strength]

就是容器（capacities）。要注意，杜拉克說的長處不是技術、技能，也不只是「能力」、「工作表現」，還包括「在拿手領域的適應力與包容力」等，他強調的是意思的廣度。另外，貢獻與成果所產生的個性也是。 ☞4

▶誠信 [Integrity of Character]

代表性格以及人格，也有「完整」、「認真」、「真摯」、「言出必行」、「貫徹始終」、「勤奮」、「健全」、「高尚」、「遵守倫理道德」等意涵在。 ☞8

關鍵字加深印象！ 杜拉克的管理

▶七項體驗 [Seven Experiences]

杜拉克生命中的七個小故事，有助工作族重新發現自己，進而成長。 ☞1～4、21

▶貢獻 [Contribution]

幫助他人，不只要為人、為組織、為社會工作，也包括捐款等，是杜拉克管理概念裡的重要關鍵字之一。 ☞1

▶結果 [Results]

工作後留下的人、物、金錢、資訊等，接近產出（output）的意思。如果是業務的工作，新成交的顧客、訂單金額、訂單等也叫做結果，杜拉克有的時候把它跟「成果」分開看待。 ☞1

▶成果 [Performance and Results]

指好的結果，performance（工作表現）與results（結果）有時都譯為「成果」。 ☞1

▶目的 [Purpose]

「為了什麼而做」、「理想樣貌為何」，這類組織與工作最終希望能夠實現的事項。帶有「理想」、「夢想」時，會用願景（vision）這個字。 ☞2

進階閱讀

▶《經濟人的末日》 [*The End of Economic Man*／一九三九年]

杜拉克二十九歲的處女作。杜拉克憑藉卓越的分析能力，描繪出導致猶太人遭到大屠殺的二次世界大戰當時社會的駭人情形，好似政權隨著每次的選舉就會轉移的日本現今社會。一心想要讓景氣更好的人、一心想要讓世界更好的人的最後選擇是？本書獲得英國前首相柴契爾夫人的推崇。

▶《工業人的未來》 [*The Future of Industrial Man*／一九四二年]

試圖描繪理想社會藍圖的杜拉克，在歐美歷史中找答案，並具體寫出「美好社會（自由運作的社會）的理想樣貌」。雖然是在二次大戰時寫成，但是清楚指出為建立新社會，個人與組織應該立即邁進的道路與相關指南，是知識巨人杜拉克的傑作。

▶《彼得・杜拉克的管理聖經》 [*The Practice of Management*／一九五四年]

世界上第一本談管理概念的書，指出「事業的目的是創造顧客」、「八個目標領域與平衡」、「自我目標管理」等，有助社會的創業方法，對二十一世紀的我們來說依然是嶄新的見解。土法煉鋼式的管理反倒不管用，除了對管理研究有重大影響外，也是讓杜拉克被稱為「管理之父」的名著。

▶《成效管理》 [*Managing for Results*／一九六四年]

深入論述《彼得・杜拉克的管理聖經》中事業策略的部分，指出企業要有經濟成效，管理者要做哪些工作。從「知識即事業」、「以長處為基礎」、「已經發生的未來是機會」、「事業的定義」等觀點，透過案例教導事業策略的重點。但是，他又指出成就這些事情有三個前提，那是什麼呢？

階段 2

學習杜拉克

給前輩們的管理基礎

本階段為杜拉克管理的基礎篇。學習做為一個可靠的前輩的管理概念，是管理的第一階段。

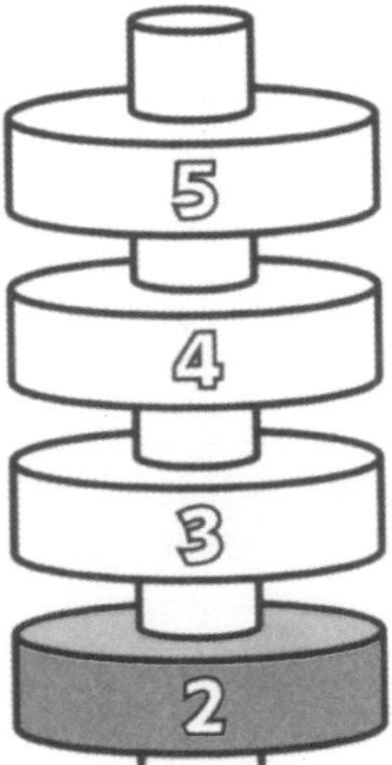

此階段的學習重點

從杜拉克管理概念中的基本用語與相關做法，學習一個前輩應該懂得的管理基礎。

要有「每個人都是管理者」的自覺

我們的職場並不是單純做好被吩咐的工作就可以交差這麼簡單，當我們能夠提攜後進，跟同事一起帶動職場氣氛，又能不負主管期望做出成績時，我們一定已經是職場中不可缺少的人物。

工作不能只顧自己，要肯為組織著想，並且發揮領導能力。

杜拉克稱**運用知識工作的人**是**知識工作者**，不只是律師、醫生、學者，在日本這類經濟發展的國家，幾乎每個工作族都是知識工作者。根據這種概念，我們就是在組織工作的知識工作者，說我們的人生與組織，都將隨著我們與組織的關係改變並不誇張。

杜拉克稱呼這些能夠**負起責任，對組織成果有具體貢獻的人**為管理者，這是知識工作者所應該成為的理想目標。

9 為什麼「顧客至上」？

明明看不起對方……▼▼▼ 在某次會議上，大家紛紛表示「產品賣不好是因為顧客不懂得產品的好」、「有些顧客不看說明書就直接客訴」，對外都說顧客至上，背地裡卻總說「都是顧客不好」。

●要先問「顧客是誰」

不論是公司、醫院或者學校，若沒有顧客願意掏錢買服務或者產品，都是無法經營的，所有的工作都得從問「顧客是誰」開始。

◎經營事業的目的是要「創造顧客」

杜拉克於五十幾年前寫的《彼得．杜拉克的管理聖經》中提到，「**事**

業的目的在創造顧客」。優衣庫（Uniqlo）經營者柳井正（日本迅銷公司董事會長兼CEO〔Fast Retailing Co.〕）受到這句話感動，經常會參考杜拉克的做法，這件事情大家都知道＊。

那麼，杜拉克所謂的「創造顧客」是什麼意思呢？其實不光是增加顧客數目。

在柳井正社長率領的迅銷公司的經營方針中寫到，「改變服裝、改變常識、改變世界」，這就是「希望顧客穿著不同以往的服裝，藉此發現全新的自己，願每個人都能有豐富的人生」。所以，「創造顧客」似乎也包括幫助顧客發現全新的自己與人生。

◎行銷的原則是「跟顧客學習」的態度

杜拉克經常提到發生在某家醫院的故事，說到醫院打算執行會議上決定的事項，並開始新作為時，一位護士問院長，「那些事情對患者有幫助嗎？」

＊參考：柳井正所著《成功一日可以丟棄》。

平常忙於醫院經營的院長聽到護士這麼一說，雖然覺得對方出言不遜，但也不好反駁說「經營醫院比患者更重要」。最理想的當然是院長本身以患者為第一，以身作則，也如此教育醫院同仁。

取悅病患與顧客是行銷的原則，**跟顧客學習**的態度也是組織的原則，對待顧客表裡不一的組織，在管理方面是有失誠信的。

「顧客至上」這幾個字不是寫在經營理念中放著好看的，也不是經營者掛在嘴邊的體面話，化作行動、以身作則，才是杜拉克所謂的管理。

為什麼「顧客至上」？

〇〇會議
賣不好都是因為顧客不懂得商品的好。
都是顧客不對！
有顧客
才有一切
事業的目的是「創造顧客」。
不光要增加顧客數目。
希望協助顧客享受豐富人生。
什麼才對患者有幫助呢？
管理要表裡如一。
顧客滿意
獲利

10 提攜後進是很累人的

自己的工作都忙不過來了……▼▼▼主管要我帶新人，新進人員研習中明明都教了，但是從拜訪客戶到行政處理，還是得從頭教起。老實說，我完全沒空管新人。

●主管也很頭大

不管在哪間公司，教育新人對主管都是麻煩事，要在有限時間教育新人，能做的當然有限，所以更需要仰賴前輩。

◎教人也有助自己學習

比方說要帶新人拜訪客戶，事前一定要做各種準備，為了要能好好介紹商品、說明交易條件，至少要弄懂最新商品資訊、調出過去的交易檔案先看一遍，這類準備可以交給新人做，或者一起來。

無論如何，藉由帶領新人拜訪客戶的機會，自己也可以順便學到與商品以及交易條件有關的新知識。杜拉克說過，**教人也有助自己學習**，真的是這樣。

◎表現「積極求知」也能激發新人的意願

不過有時是「沒有自信帶好新人」，比方說商品知識與交易條件不會只受到新產品與新服務動向的左右，一般也會隨著與對手公司的競爭情形改變，只靠過去的檔案資料與作業手冊，恐怕無法搞定客戶。

這種時候不要怕讓新人知道自己也還在學習，讓新人看到你願意跟著一起學習的態度，會帶給他好的影響。讓他知道你會買書或者去上函授課程，繼續充實專業知識與業務技巧，對激發新人的學習意願不知道多有幫助。

杜拉克也說，**努力讓自己成長的主管是好的範本**。

◎「職場晚輩的成長」有助於「自己與組織的成長」

我們容易以為「提攜後進對自己沒有幫助，會扯自己後腿」，其實不是這樣的，反倒是積極帶新人，不但有助自己成長，也有助對方成長，並且會為組織帶來好的結果。

提攜後進是很累人的

拜託，幫我帶他。
啊——
我沒空啊！
主管也很頭大。
他很仰賴你喔！
提攜後進也有助自己成長嗎？
教人也有助於自己學習。
知識
經驗
職場晚輩
前輩
疑問
提問
職場晚輩
前輩
成
長
成長意願
讀書
職場晚輩
前輩

11 想要有新點子

最怕被問到「有沒有新點子？」 ▼▼▼ 月會上主管問我，「想想如何提高營收的點子。」老實說，我沒有辦法想出好點子。

主管都希望創新

不管在哪家公司，做主管的都會要求下屬「想辦法做出好成績」、「發揮創意想出不同以往的產品與服務」，但是急就章的點子不可能讓主管滿意，他們要求的一定是創新（改革）。

◎把自己當成老闆

當主管問部下「有沒有好點子」時，其實是因為他也被頂頭上司問了相同問題，正在頭大。

再追究下去，還是老闆的那句老話，「希望員工工作時都把自己當成老闆。」就跟收入減少時會想盡辦法開源節流一樣，公司業績下滑時，把它當成自己的事，**認真看待並且想辦法解決**，就是**把自己當成老闆**的意思。

◎發動創新的七個契機*

杜拉克說，**創新源自七個契機**。

（1）事情出乎預料地成功或者失敗時。
（2）業績、理解、價值觀、程序等有不一致與不協調時。
（3）感覺需要有新的工作流程、推動者、知識等時。
（4）產業與市場結構出現變化時（網路商店的發展等）。
（5）人口結構改變時。
（6）認知出現變化時（重視養生、環保等）。

＊參考：《創新與創業精神》（*Innovation and Entrepreneurship*）第二章。

（7）發現新技術與知識時（電動汽車的發明等）。

也就是說，**不要對期待與現實之間的落差、變化置之不理**。

◎努力創新跟「站上打擊區」很像

要先分析期待與現實之間的落差及變化，這時要努力找出現在或未來的需求（需要什麼、不夠什麼）。只要發現到任何一個需求，就要捨棄過往的做法，認真思考「自己的公司、職場、工作有沒有辦法滿足此一需求？」這樣一定能夠想出可以化為全新行動的點子。要跟主管討論，不怕失敗，展開新的行動。

杜拉克把**工作的成果比喻為打擊率**[參考20]，指出我們隨時被公司要求「站在改革這個打擊區」，「打出結果這個球」。

想要有新點子

大家有沒有好點子？
……
怎麼可能說有就有……
嗯……
期待值
落差
實際成績
創新的契機源自之間的落差。
杜拉克讀書會
杜拉克入門
創新的七個契機
（1）事情出乎預料地成功或者失敗。
（2）期待與實際成績之間的落差。
（3）人才與知識的不足。
（4）產業與市場結構的改變。
（5）人口結構的改變。
（6）認知的改變。
（7）發現新技術與知識。
請大家踴躍發言！
點子
已經看出方向性了！
成果就像打擊率，盡量做不要怕失敗。
點子

12 想要有更高的評價

明明工作很認真……▼▼▼ 工作越來越上手，主管交辦的事情都很認真執行，但是卻沒有感受到公司正面的評價，而且薪水很低。

評價低有它的理由

一般來說，不被肯定的理由有「埋頭工作不管主管心裡想的」、「不被下屬與晚輩、同事信賴」等。常常我們以為已經努力符合主管與身旁人們的期待了，但結果並非如此。

◎「沒有完美的薪資制度」

工作報酬也是一個難解問題，連公開薪資制度、被公認做法完美的公司也是，一問之下還是問題一大堆，即使薪水已是水準之上，但是跟同事一比較就有很多牢騷，「那傢伙竟然領那麼多！」都會開始抱不平，會氣「我的薪水低的不合理」。

杜拉克**懷疑世上是否真有完美的薪資制度**，不管規劃再周全，都有在員工的工作意願扣上某些價值觀的危險。

◎公司肯定的是你因為「貢獻」而獲得的能力＊

杜拉克不認為不獲肯定是組織的錯，他認為只要有管理者的自覺，願意思考「自己能夠對組織有何貢獻」進而努力，將培養出有助達到成果的以下能力，受到公司肯定的機會將增大。

（1）有助建立良好人際關係的溝通能力（參考7、23）。

（2）與主管、同事、其他部門同事共事的能力（參考15、18）。

（3）發揮長處與管理能力等自我成長的能力（參考4、24）。

（4）幫助他人（主管、同事、下屬等）成長的能力（參考10、17）。

＊ 參考：《杜拉克談高效能的5個習慣》第三章。

◎知識工作者追求的不是「肯定」，而是「完美」與「責任」

當然，最直接的方法就是當面問主管以哪些標準評價自己，並以那些標準為目標努力工作。如果無法達到該標準，得不到期待的評價則是當然的。

特別是各有專長的知識工作者，越專業，自己的成果就越不容易獲得他人的合理評價。先前提到雕刻家菲狄亞斯曾說「上帝看得到。[參考3]」即使未能獲得周圍與公司的正面評價，也不能忘記，「**要達到自己認定的完美標準**」的使命感，才能讓自己成長。

想要有更高的評價

我明明很認真工作，
為什麼不被肯定？
薪資單
你真的對組織有所貢獻嗎？
團隊合作能力
專業性
溝通力
成長力
身為組織的一員，你有努力被了解嗎？
專業性越高的知識工作者越不容易被理解，要在自己的工作中追求完美與責任。
現在不是沮喪的時候！

13 是否應該深耕單一專業領域？

想成為名留青史的專家▼▼▼想要深耕某專業領域藉此成名，但是公司會有人事異動，很難深耕單一領域。

現在是高階技術員的時代

參考47

如同杜拉克指出的，一方面是知識工作者，一方面又具備高階專業知識，能夠手腳並用的**高階技術員**（technologist）越來越多，他們同時也是專家，像是醫療、社會福利、ＩＴ（Information Technology，資訊科技）、生技、化學、環境等領域的高階技術員。

◎「三位石匠」的故事也隱喻「管理」概念嗎？＊

《杜拉克：管理的使命、實務、責任》一書中提到「三位石匠」的故事，詢問工作中的石匠「你為了什麼工作呢？」，他們的回答分別如下。

・第一位石匠說「為了生活」。
・第二位石匠說「為了磨練技術」。
・第三位石匠說「為了建造教堂」。

專業性越高，越像第二位石匠，越執著於自己的專業領域，但是杜拉克認為第三位石匠才是管理人才。這並不是說第一位與第二位不好，他只是要說第三位石匠有其他石匠所沒有的管理思維，也就是說，**會意識到組織的目的與目標**。

◎現代專家不能閉門造車

杜拉克每隔三、四年就決定一個專業主題，會空出一段時間集中研

＊ 參考：《杜拉克：管理的使命、實務、責任》（*Management: Tasks, Responsibilities, Practices*）第三十四章。

究，因此懂得好幾個專業領域[參考4]。他用這個方式學習政治學、社會學、歷史學、哲學、經濟學，甚至是日本美術。

因為本身這種經驗，他因此認為現代專家都應該「**對各個專業有一定程度的了解**」、「**能夠用淺顯易懂的方式介紹自己的專業**」。

高階技術員等知識工作者會為了磨練技術而工作，不但討厭被管，也不喜歡管人，這是過往的管理（命令、指揮人做事）方式造成的，這點並不讓人感到陌生。

但是杜拉克的管理基本上**要讓人自主發揮**、**發揮長處**，基本上是不一樣的。專家的知識與其他專家的知識結合，有時會激盪出創新的火花，因此學習第三位石匠的管理思維，是很有幫助的。

是否應該深耕單一專業領域？

14 與公司的價值觀不合

有時無法接受公司的想法▼▼▼

「月底前要想盡辦法拿到訂單，只要出貨，數字就會好看，達成業務目標最重要」，主管還說這是公司方針，我跟公司的價值觀不合，真是傷腦筋啊。

也有「顧客永遠是對的」這種價值觀

公司的價值觀一般可以從公司理念中看出，某超市的經營理念是「顧客永遠是對的」，遭客訴的商品一定都退貨處理，你可能會擔心這麼一來公司要怎麼經營下去，但是因為清楚宣告價值觀，反而獲得顧客支持，員工也因此養成「以顧客為優先」的作業習慣，業績一直保持很好。

◎杜拉克也曾因為價值觀與公司不合而煩惱

杜拉克也曾經跟公司的價值觀不合，那是他二十幾歲還在倫敦的投資銀行工作時的事，有一段時間他確實能夠發揮所長，後來發現公司重視「金錢」，但是自己注重的是「人」，而煩惱無法跟公司共存。

最後他選擇辭職，因為他判斷「成為有錢人」不符合自己的價值觀。

◎可以辭職的四種情形*

與公司的價值觀不合卻放著不管的話，恐怕會引起精神方面的疾病，因為要去配合跟自己完全相反的價值觀，會造成很大的壓力，即使跟主管的價值觀只有些微不同，長久下去還是可能導致相同結果。

杜拉克舉出幾種**可以辭職**的情形。

（1）公司對非法情事睜一隻眼閉一隻眼，且組織敗壞時。

（2）工作無法發揮所長時。

＊參考：《彼得・杜拉克：使命與領導》（*Managing the Non-Profit Organization*）第五篇第二章。

（3）成果不獲肯定，也不被認同時。

（4）公司的價值觀與自己的價值觀不相容時。

◎如果公司的價值觀是公正的，最好配合

相反的，如果公司的價值觀是公正的，對社會有所貢獻的，最好認真從事被指派的工作，想辦法讓自己成長。

在以貢獻社會為目的的組織中工作，要避免堅持自我為中心的價值觀，給別人添麻煩。如果能夠控制自己的價值觀與行為，與公正的公司價值觀共存，一定能夠有所成長，並且對社會與組織有所貢獻。

與公司的價值觀不合

辭職也是
一種選項
喔。
不擇手段也
要提高
數字！
該怎麼
辦…
我們來判斷能
否與公司的價
值觀共存吧。
OX BANK
我在年輕時
也遇到過類
似狀況，最
後是選擇離
開。
辭職的判斷標準
合法性
是否適
合自己
是否獲
得肯定
價值觀
這也不錯…
這也……嗯……
公正、貢獻社會
違法、
追求獲利
辭職
不辭職

15 想要具備領導能力

我的個性消極，不是領導人才 ▼▼▼ 我不會在開會時積極發言，也沒有自信當好專案團隊的成員，所以不曾利用過公司內部的提案制度。

領導能力是可以培養的

不是只有從小就是孩子王的人，才能在社會上成為領導人物，「領導能力可以經過後天培養」的觀念已經逐漸成為主流，杜拉克也是這種想法的其中一人。

◎領導能力不是「才能」，而是「行動」

杜拉克認為**領導能力是行動**。

在會議中積極發言、提出改革建議、成為專案團隊的一員，都是可以刻意做到的。以專案團隊為例，一開始就要清楚目的與使命為何，讓成員們都能理解，之後要確認期限與要達成的目標，進而與成員們共同決定做法，並且分配職務與責任。

◎訓練自己成為領袖

專案團隊動起來之後，非預期的事情會發生，這個時候把責任推給其他成員、不給人商量餘地是最糟糕的。每個人至少都要為自己的工作負責，這是基本原則。

進而，當發生什麼事情時，能夠勇敢承擔，「專案的責任在我身上」——這一連串的行動正是領導能力。

也就是說，領導能力不是天生的才能，而是**以行動表現對工作的負責**。透過這類有領導能力的行動，每個人都能取得周圍的人的信賴，都能讓自己成為一個**領袖**。

◎杜拉克所說的領袖是？

杜拉克對領袖的定義簡單明瞭，就是**有人追隨的人**。

每個人都可以試著培養領導能力，但是當不當得成領袖，則由你所贏得的信賴決定。要成長成為一個領袖，少不了回應這些信賴的努力。

想要具備領導能力

〇〇小姐，請擔任這個專案的組長！
啊——
我不行啦！
沒有人一開始就有領導能力的。
對，要先刻意行動。
什麼是領導能力？
清楚目的、使命
解釋給成員們知道
確認期限與應該達到的成果
跟成員們共同決定做法
分配職務與責任
提供成員意見
負最終責任
這個專案的目的是……
在〇月△日前
達成〇〇〇！
職務
執行
沒問題，
交給我！
那個…
我來負責，
一定有辦法！
領袖是指，
即使沒有頭銜，但是「有人追隨的人」、「取得大家信賴的人」！
等會兒！
我們追隨妳！
你們！

16 希望受職場晚輩信賴

沒時間做好本份工作，心裡焦慮▼▼▼因為照顧職場晚輩、聽主管發表意見，而沒有時間做好份內工作，又希望趕快培養實力，因此感到心急。

●要能夠「管理自己」

職涯的人際關係基本上就是與晚輩、主管的關係，為了不在職場人際關係中迷失自己，又能在工作上獲得組織肯定，杜拉克說，一定要能夠管理自己。

◎自我管理①「清楚自己的長處」

「自我管理」是指，在**讓自己成長的同時也為組織與社會工作**，為此，一定要先知道自己的優點，特別是長處。以汽車打比方，要知道「有哪些性能」、「跟別的車有哪些不同」、「有哪些優點」等。同樣的，除了了解「自身長處」外，杜拉克還說，知道「自己適合哪種做法、學習法」、「適合團隊合作還是單打獨鬥」、「重視什麼」等也很重要。

◎自我管理②「自己的人事自己負責」

「自我管理」也要對**自己的人事**（公司賦予的職位與報酬等待遇）**負責**，說白了，就是晉升與薪水取決於當事人的努力。

杜拉克說，了解自己的長處與擅長的工作方式、價值觀，就能在二十五、六歲起慢慢看出自己適合從事的工作。當然，得先做好可以發揮所長的準備。

獲得適合自己的工作之後，還是應該**繼續在職位上貢獻所長努力工作**。不只是跟職場晚輩、同事、主管的相處，也應該採取負責任的行動，與顧客、往來廠商維繫良好關係。

◎確保工作倫理的方法——攬鏡自問

當今，社會與監察機構不只嚴格監督企業財務，對企業的法令遵守（compliance）同樣標準嚴格。要成為值得信賴的前輩，面對社會的高標要求，必須要有誠信。以自身利益為優先，要利用組織，或者對組織的違法情事視而不見，都是有違倫理的。

杜拉克建議**「早上起床要攬鏡自問，希望自己看起來如何？」**＊一定沒有人希望看到的是違背倫理，不討人喜歡的自己。

＊參考：《21世紀的管理挑戰》（*Management Challenges for 21st Century*）第六章。

希望受職場晚輩信賴

我到底在幹嘛？
如果都說好，
幫我準備資料。
你來寫企劃書。
自己的工作都做不了！
你先整理好數據。
前輩真不可靠～
這樣的話要做自我管理！
要先知道自己的長處。
自己的長處
擅長的工作方式
學習方式
價值觀
重新審視自己，也才能看清身旁的狀況！
在被賦予的職位負起責任！
自我管理
自己該做的工作是…
就能建立良好的人際關係。
工作時聚焦在貢獻上
我要跟前輩看齊！

▶高階技術員 [Technologist]

知識工作者中有高階專業知識與技能的專家，像是醫療、社會福利、IT、生物科技、化學、環境等領域的技術人員。 ☞13

▶三位石匠 [Three Stonecutters]

說明管理概念時杜拉克用的比喻，三位石匠被問到「為了什麼工作」，他指出回答「為了建造教堂」的第三位石匠最有管理精神。 ☞13

▶領導能力 [Leadership]

指可成為模範的行動，言出必行正是這樣的典型，不是一般以為的才能。要注意，只要有心，每個人都能培養那種能力。 ☞15

▶領袖 [Leader]

指「有人追隨的人」。沒有人追隨的人，即使擁有頭銜也稱不上是領袖，贏得別人信賴的人將成為領袖。 ☞15

▶攬鏡自問 [Mirror Test]

說明工作倫理時杜拉克用的比喻，「早上起床後照鏡子，希望看到怎樣的自己呢？」，這樣問自己，可以有效避免從事違背倫理的行為。 ☞16

關鍵字加深印象！ 杜拉克的管理

▶知識工作者 [Knowledge worker]

運用在學校等處學習到的知識工作的人，除了法律專家、學者，還包括行政人員、經理人、技術員、組織負責人、業務、教師等，課題是如何提高工作產能，做出更好的結果。

☞階段2最開頭「此階段的學習重點」

▶管理者 [Executive]

有責任為組織成果做出實質貢獻的所有知識工作者，杜拉克建議組織應該由基層管理者（Junior Executive）、中階管理者（Executive）、高階管理者（Senior Executive）、總管理者（Corporate Executive）這四個階層組成。

☞階段2最開頭「此階段的學習重點」

▶創造顧客 [Create a Customer]

這是事業與組織的目的。不僅要獲得新顧客，也要共同努力讓顧客變成回頭客、忠實顧客（死忠支持公司產品、服務的顧客）。 ☞9

▶行銷 [Marketing]

一般指市場調查、促銷以及商品組合等，協助產品與服務的開發以及業務的組織性活動，杜拉克主張行銷目的在「杜絕兜售」的想法，對今日的行銷有很大的影響。 ☞9

▶創新 [Innovation]

指改革與變革，包括持續改善業務到開發新產品與新服務，發展事業最重要的是，不錯失發動創新的七個契機。 ☞11

進階閱讀

▶ **《杜拉克談高效能的5個習慣》 [*The Effective Executive*／一九六六年]**

書中介紹藉由讓自己成長（管理自己），成為對組織有實質貢獻的知識工作者（管理者）的方法，並提到「高效能的工作方法是可以學習的」、「時間管理」、「何謂貢獻」、「發揮長處」等，杜拉克為煩惱自我成長以及與組織關係的人提供建議，可以從中體會到與社會、組織產生聯結時的感動，組織人的原點就在這本書裡。

▶ **《真實預言！不連續的時代》 [*The Age of Discontinuity*／一九六九年]**

杜拉克在越戰（一九六四～七五年）陷入膠著之際，發現潛藏在社會與文化裡的變化（不連續），預告社會將有大轉變。他從「知識技術」、「世界經濟」、「組織社會」、「知識社會」分析世界局勢，並做深入淺出的解說。在打造全新社會的絕佳時刻的現在，問問我們該做些什麼的全球暢銷書，是閃耀二十一世紀的一本書。

▶ **《杜拉克：管理的使命、實務、責任》 [*Management: Tasks, Responsibilities, Practices*／一九七三年]**

為學生與經營者所寫的教科書，至今仍有許多教育機構以這本書做為經營學的教科書，書中有適用所有組織的管理理論，諸如「管理是？」、「經理人的工作是？」、「高層管理的工作是？」——杜拉克不單解釋生意上的管理概念，這本書可說是人類的遺產。

▶ **《看不見的革命》 [*The Unseen Revolution*／一九七六年]**

杜拉克説，這本書在推出當時人們不屑一顧，多數人看不見的革命在這個時候開始，現在也確實創造出新經濟，持續改變企業的存在價值。在讀的過程中，你會很驚訝發現，這個革命與我們的家計（年金等）有關，此革命不再事不關己。一九九五年追加「企業的統治」這篇論文後，於一九九六年重新出版。

階段 3

學習杜拉克

給主管與經理人的初級管理

本階段是杜拉克管理的初級篇，要學習做為一個受人信賴的主管與經理人所要懂得的管理概念，是管理的第二階段。

此階段的學習重點

學習杜拉克管理概念中，身為主管與經理人（在公司帶領下屬的管理者）最好要懂得的管理概念。

管理不只是「管理下屬」

希望貢獻組織也幫助自己成長的話，當然要照顧職場晚輩。不過，工作族的成長僅止於此嗎？

每個人成長的快慢不一樣，但是總有一天會被組織正式賦予職位，帶領部下，一般就是會成為組長、課長、部長等經理人。經理人有責任有效運用公司提供的人力、物力、財力與資訊等經營資源，達成職場與團隊所期待的成果。這個角色對組織與當事人來說，都有很大的意義。

首先，經理人可以依據自身的想法指派下屬工作，不過下屬也是人，也有不想工作的時候，但是下屬還是得依照經理人的指示工作。

大家會期待經理人值得下屬與組織信賴，也希望他繼續成長。

但是大家所學習的管理概念（很多人稱此為經營），真的符合這類期待嗎？

讓我們重新學習杜拉克的管理概念吧。

17 想用PDCA管理下屬

想用PDCA管理下屬▼▼▼幾天前上了管理課程，講師說「管理就是PDCA」，P是「擬定計畫（Plan）」、D是「執行（Do）」、C是「檢查（Check）」、A是「處置（Act）」，要做出成果就要「轉動PDCA」。

PDCA對下屬不管用

有些研習課程教人用PDCA管理下屬，但是大多不管用，無法讓下屬聽話，甚至有下屬討厭「轉動PDCA」這種措詞，我對時時刻刻轉動PDCA是管理者的工作、PDCA有助職場獲得成果的說法也抱持懷疑。

◎PDCA是管「物」，而非管「人」的手法

ＰＤＣＡ原本是工廠**管理品質**的手法，戰後日本製造業的品質管理受到**戴明博士***這號人物影響很深，大家都說因為有他，日本才能提高汽車與電器產品等的品質，成為誇耀世界的經濟大國。

因為這樣的緣故，「品質管理＝轉動ＰＤＣＡ」的概念先在製造業扎根，之後這個手法也被廣為應用到生產管理以外的領域（提高經營品質）。

◎人不是機器，所以PDCA不管用

杜拉克說，人會受到生理層面的影響，所以工作方式跟機器不一樣，加上**知識工作者在工作的同時會思考「為什麼要工作」、「如何工作」**，這是管理時必須考量的。

ＰＤＣＡ是倚重機器生產時的管理手法，將它套用在屬於知識工作者的下屬身上，事情本身就有問題。

＊戴明博士（Dr. William Edwards Deming，一九〇〇～一九九三）：美國統計學家、顧問。一九五〇年代起，便就統計學上的品管指導日本的製造業經營者、技術者、學者等。

◎經理人的五項基本工作*

杜拉克舉出**經理人有五項基本工作**。

（1）設定目標——與相關人員**溝通**後決定。

（2）架構組織——清楚知道為達成目標所需要做的工作，並分派給下屬。

（3）激勵成員——透過溝通，在下屬、同事、主管之間形成要共同打拚成果的團隊意識。

（4）測量與評估——訂出檢視組織與個人工作表現、結果的評估標準，進行測量。

（5）相互成長——運用測量結果，也跟著下屬成長。

經理人的第一步是要清楚自身的目的與使命，是要讓眾人**發揮所長**，**做出團隊成果**，機械式地轉動ＰＤＣＡ，並不叫做管理。

＊參考：《杜拉克：管理的使命、實務、責任》第三十一章。

想用PDCA管理下屬

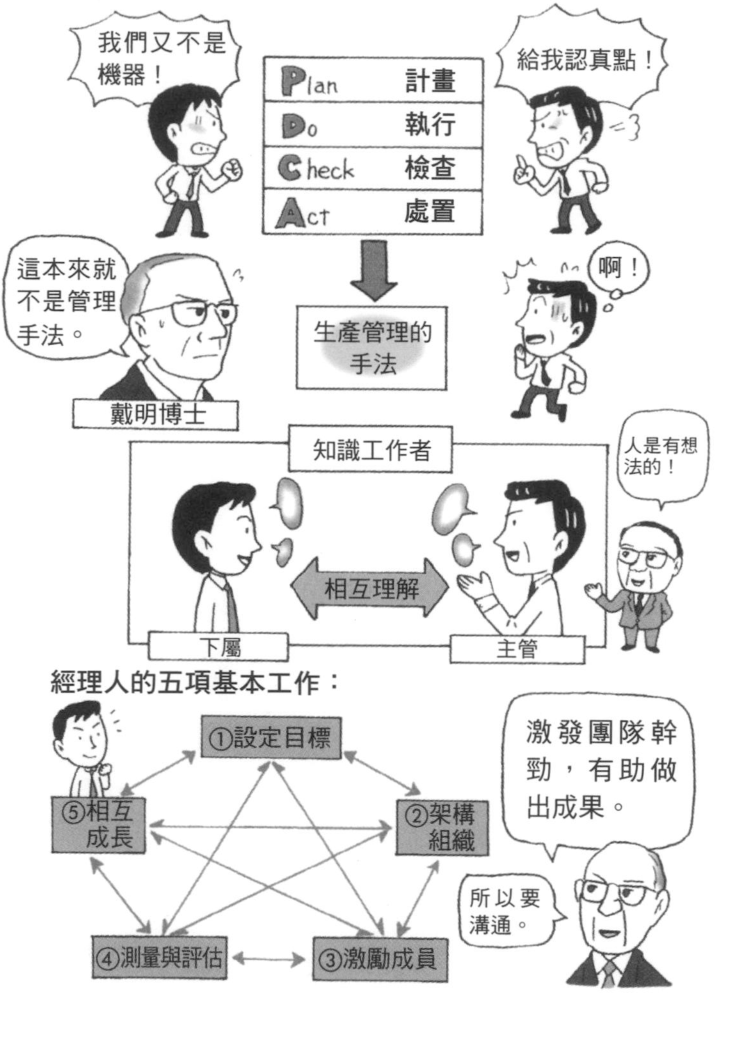
我們又不是機器！
Plan 計畫
Do 執行
Check 檢查
Act 處置
給我認真點！
這本來就不是管理手法。
戴明博士
生產管理的手法
啊！
知識工作者
人是有想法的！
相互理解
下屬
主管
經理人的五項基本工作：
①設定目標
②架構組織
③激勵成員
④測量與評估
⑤相互成長
激發團隊幹勁，有助做出成果。
所以要溝通。

18 希望提高團隊的生產力

下屬的很多工作都是不必要的▼▼▼我盡量依照每個人的個性分配工作，但是成果總不如預期，在時間與預算都有限的情況下，希望工作更有效率，能夠提高生產力。

適才適所還不夠

主管只管判斷下屬個性，指派合適工作，也就是只懂得將人安排在合適的位子就夠了嗎？為了提高團隊與職場的生產力，是否需要不同的觀點？

◎依據四個步驟重新審視工作*

當公司下令重新審視工作狀況時，大家馬上想到的都是「減少不必要的作業」，但是杜拉克指出，**應該依據公司期待的最終成果來審視工作才對**，因為工作的成果取決於承辦人，他列舉出四個審視工作的步驟：

（1）清楚工作目的、最終成果、期中結果（物力、財力、資訊等）、相關使用者、作業與步驟、工作所需資源（資訊等）。

（2）建構達成最終成果的程序（工作的步驟等）。

（3）事先決定評估程序與方法，估算需要投入的時間以及過程可能導致的結果。

（4）事先備好工作需要的工具（木匠的話需要鐵鎚與刨子、資訊工程師則需要IT工具）。

經理人要養成依據這類觀點審視職場與團隊工作的習慣，這些可說是確保工作品質的作為。

＊參考：《杜拉克：管理的使命、實務、責任》第十七章。

◎讓「承辦人」自己「規劃工作」

要提高團隊與職場的生產力，不能不提高工作本身的生產力，於是要思考「符合期待的最終成果是？」、「為此應該怎麼做呢？」，審視工作、重新**規劃工作**內容。

不過，即使將工作設計得有條不紊，少了承辦人也是沒用，為了安插最佳人選，要讓那個人有想做的動機，因此杜拉克指出，應該由做事的當事人自己規劃工作內容。

◎審視工作少不了ＩＴ 參考30

另外，審視工作時需要資訊，很重要的是建立一套流程，利用ＩＴ統計蒐集到的資訊，並將結果回饋給各個承辦人。這種做法不但有助下屬成長，也有助工作的持續改善。經理人有責任讓ＩＴ工程師*了解團隊需要哪些資訊。

＊ IT工程師：指組織中的IT部門、資訊企劃部門裡的承辦人，或者委外的IT方面的公司。

希望提高團隊的生產力

做到適才適所。
也重新審視工作。
並減少不必要的工作。
但為什麼無法獲得成果呢？
○○職場／△△團隊
分析工作。
評估步驟。
準備需要物品。
不足的再予以補足就好！
審視的重點為是否符合期待。
○○職場／△△團隊
蒐集、整理資訊。
依照資訊動向審視工作。
IT工程師
○○職場／△△團隊

19 下屬不聽指示

最近的新人不聽從主管指示▼▼▼自己剛進公司時，對主管的命令言聽必從，但是我的下屬對我的指示都心不甘情不願，就算願意照做也沒有真正投入，有人甚至還會反抗。

●下屬不是主管的工具

把下屬當成自己的手下或者機器的話，下屬當然不願意接受，跟經理人一樣，下屬也是有自由意志的知識工作者。

◎為賦予動機，要讓下屬「參與」

最好的教育是，**主管以身作則示範給下屬看**（參考10、15），另外，為知識工作者的下屬打造一個讓人有心、願意負責的工作環境，這是主管的工作，也是責任。

據傳某ＩＴ企業會帶程式工程師一起跟客戶開會，目的是要讓工程師可以直接跟客戶確認他所撰寫的程式的用途，藉此讓下屬對工作產生責任感與幹勁。

像這樣，著手工作前安排下屬見見公司內外的相關成員與客戶，讓下屬直接跟對方談是很有用的。這也是**跟部下一起思考可以怎麼做**，以滿足客戶期待與要求**的機會**。

進一步在審視工作時，讓下屬參與重新規劃工作，也是激勵對方的一個重要方法[參考18]。

◎彼此並非上對下的關係，要有「夥伴意識」＊

團隊要做出好結果，一定要讓下屬意識到對工作負有責任，為此，杜拉克認為以下幾項是有必要做到的。

＊參考：《杜拉克：管理的使命、實務、責任》第二十一章

（1）安插正確位置，讓工作更有效率，同時讓下屬設定更高的目標。
（2）將工作狀況與結果等資訊回饋給承辦人。
（3）協助下屬持續學習工作所需知識，並補足缺少的能力。
（4）讓下屬參與工作的分析與規劃。
（5）明確訂出下屬經由事前核准可以動用的經費額度等權限。

用人時很重要的是，願意花時間在錄用與栽培上，要知道主管與下屬**不是頭腦與四肢的關係**，四肢必須聽命於頭腦，**而是夥伴關係**，運用下屬的價值觀、長處與工作做法，才能提高身為主管的成果。

下屬不聽指示

權限
責任
好好照我說的做！
不相信
反抗
不滿
下屬不是主管的工具喔！
權限
責任
可以透過以下方式激勵屬於知識工作者的下屬。
想要更〇〇！
請聽我們說。
（1）安排正確位置，讓對方設定更高的目標。
（2）回饋工作情形與結果。
（3）協助學習，補足能力的不足。
（4）參與工作的分析與規劃。
（5）明確訂出下屬的權限。
希望工作能夠授權！
原來我一直在打壓下屬的能力…
希望你跟我一起企劃〇〇。
好的！
下周有〇〇研習吧！
是的，我會用心學習。

20 從前的作法不再適用

一直都很順利的説▼▼▼ 用了跟去年一樣的方法，結果卻不如預期，往上呈報後被主管罵「你沒掌握市場變化嗎？」，我明明跟去年一樣，分析市場也擬出促銷計畫啊……。

●問題的根源在比行銷更深層的地方

失敗的原因似乎不在一直都有做的市場調查與促銷等表面的行銷活動。

◎出乎預料的事情是創新的前兆

「行銷手法相同卻不再成功」，事出所料時正是創新的絕佳機會。參考11

創新**不只是改善產品、服務或者工作作法**以獲得更好的結果，**而是要整個改頭換面**。杜拉克稱主動積極改革，並帶領組織與下屬改變的人為**變革領導者**（Change Leader）。

◎變革領導者的四項工作*

杜拉克舉出，變革領導者的工作有下列四項。

（1）丟掉昨天（即使過去曾經成功，如果已經過時或者不再有用，就不要再眷戀）。

（2）持續改善（進行回饋分析比較目標與結果，隨時改善產品與服務、工作方法）。

（3）將創新的機會交託給有績效有能力的人（重要的是組織願意嘗試，即使失敗也不可以看不起承辦人）參考24、34、書末附錄「機會與人才清單」。

（4）不錯過創新的七個契機參考11。嘗試改革，即使事情不大，也可能茁壯到足以撼動組織。

＊參考：《21世紀的管理挑戰》第三章。

◎要有「企業家精神」背後的創新精神

話雖如此，為求創新，卻只知道講究新穎、改革組織，反而會造成組織混亂，真正需要的是回答「顧客是誰」、「顧客追求的價值為何」、「應該提供的成果為何」等問題（參考26、33）。重新審視行銷手法，試著改善產品與服務。願意這麼做的這種態度，就是把自己當做公司老闆的態度，杜拉克說，這就是**企業家精神**（**Entrepreneurship**）。

從前的作法不再適用

跟去年一樣，
照著做啊……
有沒有做市場分析啊？
你搞什麼！
這是創新的機會。
?
?
過去的動向
變化
現在的動向
變革領導者的工作
丟掉昨天
進行反饋分析，持續改善
隨時找尋創新機會，不要怕失敗
不放過任何創新的機會
這樣的態度就是…
應該要順應情勢，改變做法！
你願意來當變革領導者嗎？
企業家精神（Entrepreneurship）是創業+持續。
不光開創事業，是持續追求理想、永續經營事業的態度。

21 不知道怎麼考核下屬

第一次考核下屬▼▼▼公司有一套依據工作成果考核人事的制度，前幾天上了考核課（學習如何考核人事），得開始考核下屬，雖然只需要照著公司規定的格式填寫，但是對自己的考核沒有信心。

人事考核左右下屬的人生

公司的人事考核不會只看直屬上司的考核成績，也會參考更上一層的主管與同事的意見，稍有不慎，可能對下屬的人生有很大的影響，一定要小心。

◎不要把它看成「打分數」，要把它當作「讓下屬成長的機會」

考核下屬時不可以憑個人喜好，要以他對職場與團隊的貢獻為優先考量。同時不要覺得是在「打分數」，杜拉克說要去發現下屬的長處，思考如何讓長處更加發揮。為此，有時得進行個別談話，千萬不要用可能打壓下屬長處與機會的標準來評估。

◎引出下屬長處的八項考核標準*

組織的目的是要引出成員的長處，透過全員的合作做出成果，為此，杜拉克說，很重要的是要利用人事考核等機會，與下屬共同確認以下事項，確認工作表現。

（1）是否習慣主動調高目標與成果，做進一步的挑戰？

（2）決策與行動時，是否聚焦在機會而非問題上？

＊參考：《杜拉克：管理的使命、實務、責任》第三十六章。

（3）行動是否符合經營理念等組織的信條與價值觀？
（4）是否協助他人成長，而非只顧自己成長？
（5）是否不受職位與學歷高的人影響，懂得思考何謂正確並且行動？
（6）是否用心讓自己、職場晚輩、主管都能發揮所長？
（7）**是否參考七項體驗？**參考1~4
（8）**是否誠信？**參考8（比重可較其他項目都高）

杜拉克說當工作長時間涉及廣泛範圍時，為了提高成果，一定要持續抱持著這樣的**工作精神**。

◎「不失敗的人」不可信，也無法考核

另外，杜拉克指出「工作不曾出錯、不曾有漏失、不曾失敗的人」，不可信也無法考核。他要說的是，不可以把**「沒有缺點」誤以為是長處**。

不知道怎麼考核下屬

嗯……
怎麼辦？
不要根據你的喜好，要看他的「貢獻度」，不要當成是在打分數，去看怎麼讓他發揮「長處」。
可以引出別人長處的考核標準是：
（1）是否習慣調高工作目標？
（2）是否因應機會決策、行動？
（3）行動是否依循組織價值觀？
（4）是否幫助他人成長？
（5）是否不受頭銜左右，可以自己判斷、行動？
（6）是否發揮自己與他人的長處？
（7）是否參考杜拉克的七項體驗？
（8）是否誠信？
不要變成打壓長處的考核！
杜拉克
讀書會

22 對於效率低的會議該如何是好

會議變得一成不變 ▼▼▼ 我負責會議安排，想讓會議更有效率更有內容，但是公司的會太多，很多都是不必要的。

●沒有任何幫助的話不能叫做會議

一個有意義的會議是指開會的結果對出席會議的人與相關人員的工作有用，當然也隨會議目的而異。另外，即使會議由高層或者主管主導，會議的成果還是會隨著目的與做法而不同。

◎會議從做好充分準備開始

杜拉克也說，**會議的目的決定會議的準備與成果**，因此準備會議時，要先跟主辦者確認會議的目的與期待的成果，要先以書面等跟主辦者確認「會議目的」、「會議期待的成果」、「會議的參加者」、「會議的舉辦日期時間與地點」、「會議需要產出什麼（報告、會議紀錄等）」。

之後要確認會議當天的資料，並且製作會議流程，如果是月會，要安排足夠的時間討論下個月的計畫，如果是報告會，可以在報告結束後進行意見交流或者安排上課。

視情況，要預約會議室，準備資料、器材，如果希望出席者事先看過資料，要運用ＩＴ等讓大家可以在事前閱覽。開會前幾天要發電子郵件做提醒，確保應該與會的人都能到場。

◎主持會議的五個重點＊

讓會議具建設性也是一種能力，杜拉克對會議的主持有以下建議。

（1）不要讓要發表重大事項的人擔任司儀。

（2）在會議的一開始要清楚點出該場會議的「目的與應有貢獻」。

＊參考：《杜拉克談高效能的5個習慣》第三章。

（3）讓與會者都能參與討論。

（4）要求自己與他人自制發言，不要偏離會議目的。

（5）會議結束時要整理「目的與應有貢獻」與結論（決定事項與課題等）的關聯做成結論，並確認全體與會人員都理解。

實際做法是，事先決定記錄人員，會議一結束就完成會議紀錄。不要忘記讓與會者、相關人員都收到會議紀錄，知道有哪些決定事項、待辦事項以及承辦人、期限等。最好**把開會當成工作，想辦法讓開會的那段時間更具建設性**。

對於效率低的會議該如何是好

23 想讓職場人際關係變得更好

同事之間不會相互幫助▼▼▼職場氣氛輕鬆，同事間可以互開玩笑，但是問我這是不是一個理想的職場呢？我沒有把握，我覺得同事間的合作機制還未建立好。

知識工作者也追求職場關係

不管是在公司工作，還是在那以外的醫院、學校等地工作，知識工作者不只期待經濟上的報酬，也追求成就感，像是醫生希望治好患者的病、老師讓學生博學多聞。知識工作者同時也一定希望在職場結交到好朋友。

◎「與主管的互信關係」是職場人際關係的基礎*

意外的是，要讓職場人際關係更好的第一步，竟是**要與主管建立互信**，因為下屬們都在看。杜拉克說，要打好跟主管的互信，不能缺少以下的努力。

（1）輔佐主管更有效率地工作，做出更好的結果。

（2）順主管的意，每個月做一次書面或者口頭報告。

（3）發揮主管的長處、補足他的缺點。

部下看到你跟主管相處融洽也會感到安心，急著跟下屬建立人際關係，但是卻跟主管處不好，恐怕到頭來會兩頭空。

◎麗思卡爾頓酒店以「是否互助」為考核標準

以顧客滿意度高聞名的連鎖酒店麗思卡爾頓（Ritz-Carlton），員工隨時都在相互協助，看到同事有困難，會想辦法幫助對方，結果是顧客都很

＊參考：《杜拉克談未來管理》（*Managing for the Future*）第二十二章。

滿意飯店的服務。

受到幫助的員工會將受到幫助的內容寫在公司準備的卡片上，滿懷感激地將卡片交給助人的員工，副本則會被送到人資部。公司會定期統計卡片，考核幫助人的員工。

杜拉克說，**要聚焦在貢獻上**，要求「協助有困難的同事」的職場，會自然建立起理想的人際關係。這個酒店也是，在定期舉行的員工滿意度調查中，不論是「職場互動」、「工作成就感」上，得分都很高。

◎工作以外也應該加強夥伴意識

一個高成效的職場，除了工作上的人際關係外，還需要別的，像是員工聚會。有些職場會定期舉辦生日會等小聚會，藉以提高夥伴意識，結果因此有了好結果。

杜拉克也強調**職場社群的重要性**。

想讓職場人際關係變得更好

24 希望成為有自信的經理人

厭倦為下屬善後▼▼▼ 雖然被指派為經理人，但是沒有自信是別人眼中的好經理人，想做的不能做，感覺好像被派來為下屬善後。

●做為一個經理人還有改善空間

幫下屬善後，某方面正是經理人的工作，而想做的不能做，這件事改變管理方式應該就能獲得改善。我們來想想經理人應該要有的能力。

◎跟經營者學習做經理人*

藉著這個機會讓自己成長，不只自己受益，對公司也好。杜拉克在六十五年的顧問生涯中，發現到共事的老闆們的共通點。

＊參考：《杜拉克談高效能的5個習慣》序

（1）調查了解經理人的目的與使命

・透過與主管的個別談話、與下屬的對話，思考「自己應該做的事情」、「職場應該做的事情」，讓它們更明確。

（2）為有效達到經理人的目的與使命，要做以下事情：

・為掌握目標與預期結果、進度，要擬出寫有檢查重點的職場行動計畫。
・派給下屬的任務以及相關承辦人員姓名、期限等，都一清二楚。
・負責與相關人員溝通，讓他們清楚職場行動計畫與行動所需資訊。
・每半年利用**機會與人才清單**[參考20、34、書末附錄]，將**合適人才安排在合適位子上**[參考31]。

（3）為了讓整個組織具團隊意識、有責任感，要做下列事情：

・精簡會議、提高生產力[參考22]。
・發言時以「我們」取代「我」，共有目的與願景以凝聚團隊意識。

◎經理人是「職場負責人」，也是「事業負責人」

跟一般員工相比，經理人的責任更大，經理人的一個決策影響到的不只有下屬與在相關部門工作的人，還包括使用組織提供的服務與產品的消費者，影響層面相當廣。

組織對社會的責任雖然由各個部門分擔，但是實際上不可能針對每一件事情都簽約，也因此，坐在職場負責人這個位子的人（心態上）**跟組織的最高責任者一樣，都應該要有企業家精神**。各部門的目的跟公司的目的一樣，都是要創造顧客（參考9），身為主管的經理人有責任為此貢獻付出。

希望成為有自信的經理人

到底在搞什麼！
真的很對不起！

要成為一個好的經理人要…
原來如此
!

（1）要知道經理人的目的與使命
- 清楚所處職場的目的與課題。

（2）如何執行目的與使命呢？
- 擬定行動計畫。
- 讓大家理解行動計畫。
- 利用機會與人才清單，將人才安排在合適的位子上。

（3）讓組織具團隊意識、有責任感
- 精簡會議
- 以「我們」取代「我」，進行思維、發言。

提供服務與產品給社會
企業家精神
經理人的責任
=
組織的責任
經理人是「職場」與「公司」的負責人。

▶丟掉昨天 [Abandon Yesterday]

杜拉克説，為了構築明天，要做今天應該做的，但是一直被之前的工作與過往的成功束縛，將無法往前。 ☞20

▶機會與人才清單 [List for Opportunities and People]

提高創新成功機率的方法，列出可能刺激創新的現象，接著列出有績效、有能力的人物，將最好的機會交給最好的人去做的方法。從這裡也可以看出他適所適才、重視年輕人的想法。

☞20、書末附錄

▶企業家精神 [Entrepreneurship]

把自己當成老闆，視變化為當然、健全，對創造組織與公司的顧客充滿熱情與信念，並推動行銷與創新。 ☞20

▶工作表現 [Performance]

個人從事組織工作時的表現、工作狀況與狀態。工作的成果受其左右。 ☞21

▶工作精神 [Spirit of Performance]

讓人發揮工作表現，做出最好成果（就像自己的最佳成績）的組織與職場教義、信念、氣氛，重視工作態度的精神與組織風氣。 ☞21

關鍵字加深印象！ 杜拉克的管理

▶管理 [Control／Management]

很多時候被視為轉動PDCA。PDCA是戴明博士所倡導的品質管理手法，與杜拉克的管理完全不同，日文都翻譯成「管理」，以致容易被混淆。 ☞17

▶品質管理 [Quality Control]

控管工作以持續獲得符合要求或預期標準的內容與外觀，縮寫是QC，因為有戴明博士指導運用統計方法管理品質，戰後日本的製造業得以發揚光大。 ☞17

▶五項基本工作 [Five Basic Operations]

杜拉克倡導的基本管理工作，他就設定目標、架構組織、激勵成員、測量與考核、相互成長這五項，指出①要讓下屬參與、②要重視與下屬的溝通、③要善用他人長處並協助主管與下屬成長。 ☞17

▶溝通 [Communication]

藉由資訊等的交換，了解對方的所知與所想。重要的是用對方的語言溝通、多聽少說、發現差異。 ☞17

▶規劃工作 [Designing Managerial Jobs]

設計職務的意思，杜拉克表示確認工作被預期得到的最後成果後，要審視工作，讓承辦人自己重新規劃，並加入管理的元素。

☞18

進階閱讀

▶《旁觀者－管理大師杜拉克回憶錄》 [*Adventures of A Bystander*／一九七九年]

杜拉克半生的自傳，除了提及心理學家佛洛伊德等超有名人物以外，連他最愛的奶奶的教誨也寫在書中。書裡寫到決定鑽研「管理」這門人類學的前因後果，並以溫暖筆觸描寫與神秘人物的相遇以及認識的每一位朋友的故事，可以跟著從杜拉克的成長時代到日本攻擊珍珠港的劇變時代一起去冒險。

▶《動盪時代中的管理》 [*Managing in Turbulent Times*／一九八〇年]

政治與經濟依然詭譎多變，知識工作者容易被表相干擾，杜拉克不但帶領我們看到人口結構的改變，也給我們看到根本的變化，同時敲響警鐘。如何在變動年代平安抵達組織的目的地呢？不能讓工作夥伴們的努力白費。

▶《創新與創業精神》 [*Innovation and Entrepreneurship*／一九八五年]

杜拉克指出企業家精神不只是知識、技術與態度，而是「因應變化採取行動」。工作上維持現狀很輕鬆，但是心有不安也是事實，從這本書可以學習到我們與組織要「以什麼為目的」、「如何」、「因應變化採取行動」，講的是為了未來，今日就要採取行動。

▶《管理先鋒》 [*The Frontiers of Management*／一九八六年]

閱讀本書將了解「停滯不前的組織如何展望未來」，過往學習的知識與尖端知識已經不適用於二十一世紀，這本書帶給我們自信，只要有想法與自覺，就能創造出更美好的社會。對腦筋僵化的人也是一帖特效藥。杜拉克最後問讀者，「你管理了嗎？」。

階段 4

學習杜拉克

給領袖與經理人的中級管理

本階段是杜拉克管理的中級篇，要學習做為一個可靠的領袖與經理人的管理概念，是管理的第三階段。

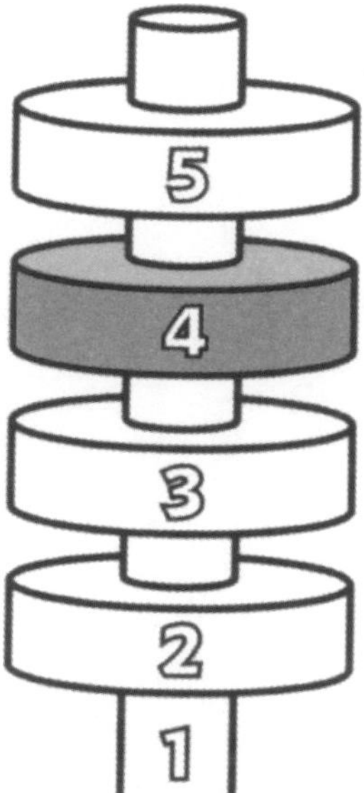

此階段的學習重點

學習杜拉克管理概念中，身為領袖與經理人最好要懂得的管理概念。

影響公司與組織的人

受雇於人，都會面臨到要就公司與組織經營做出決策、採取行動的時候，即使彼此的立場不同，只要能夠同心，不管是公司、醫院或者學校，都一定能獲得更好的成果。

以公司來說，不只有經理、執行董事、董事、老闆的決策與行動會影響組織，包括在行銷企劃部、研發技術部、品管製造部、業務物流部、IT訓練部、財務法務等管理部門工作的人，以及與組織簽約工作的專家、專業人士的決策與行動，也經常會影響整個公司。

另外，就像杜拉克指出的，知識工作者與高階技術員為了自己的成長，也應該抱持著要貢獻部門與整個組織的態度，善用組織的一切，做對社會有用的事。

為此，重要的是願意負起責任，學習對組織與部門營運有幫助的方法與應採取的行動，這同時也是大家對領袖的期待。

25 獲利至上主義不好嗎？

公司追求獲利理所當然？▼▼▼前幾天開會，老闆總結說，「一個營利組織追求獲利是天經地義的事，大家要去想怎麼賺錢！」好像在說「為了賺錢可以不擇手段」。

重新想想「什麼叫做獲利」

人們高談獲利至上主義時，最常說的就是「已經不是講體面話的時候」，然後會開始動腦筋想「怎麼讓客人下更多訂單」、「哪個部門可以再減少多少成本」。但是我們更應該重新思考的是，「什麼叫做獲利」。

階段5 48 47 46 45 44 43 42 41 40 39 38 37 36 35 階段4 34 33 32 31 30 29 28 27 26 25 24 23 階段3 22 21 20 19 18 17 16 15 階段2 14 13 12 11 10 9 8 7 階段1 6 5 4 3 2 1

◎獲利不是公司的目的*

假設獲利才是經營的最高目的，那麼顧客與員工，甚至是工作本身將變成次要。想像一家重視獲利更甚顧客、員工、工作的公司，給顧客知道了，恐怕都要變心。員工也會失去幹勁，加上使用的是快要壞掉的老舊機器，這樣的公司怎麼可能經營得好。

不賺錢，公司會倒，這是每個人都懂的道理。杜拉克說**獲利不是目的，是從事企業活動的最低條件**。經營公司的人再怎麼清心寡慾，也一定不會不管獲利性，任由公司虧損、破產。因此，**獲利是企業未來從事經營活動所需要的成本（費用）**，也就是**未來成本**，這是公司能夠持續經營的底線。

◎公司的目的不是「獲利」，而是「創造顧客」

前面提到老闆在會議中講的話，正好給我們機會想想公司應有的樣

＊參考：《杜拉克：管理的使命、實務、責任》第六章、第八章

貌。老闆說「營利組織追求獲利天經地義」，這點每個人都能認同、接受嗎？一定有人在心裡反駁說「不是」。

過度追求獲利，賣給顧客訂價很高的商品，常客會越來越少。杜拉克終其一生不斷警告企業**不可以奉行獲利至上主義**，但是他也說，企業有提供雇用機會的社會責任，不能不賺錢。

因此，請藉著這個機會好好思考「**公司存在是為了什麼**」。答案是本書已經提到的，**企業的目的是創造顧客**（參考9），而不是為了賺錢。當然每個部門都應該努力降低成本、為營收打拚，獲利與獲利率是這些努力帶來的結果。

獲利至上主義不好嗎？

賺錢第一!!
營利組織追求獲利是天經地義！
不擇手段嗎？
嗯…
公司是為了什麼而存在呢？
讓我們一起來想想什麼是獲利。
獲利
・顧客支付的報酬。
・持續發展公司所需要的未來成本。
顧客的滿意
員工的幹勁、滿意
產品與服務
事業的目的是創造顧客。
獲利是結果，是持續經營的條件。
我錯了。
顧客
獲利

26 想要確實擬出經營策略

經營策略太隨便▼▼▼老闆每年都會問我「對明年的經營策略有沒有什麼想法」，我覺得我們公司的經營策略擬定方式太隨便了。

●要「站在顧客的立場」

事業要能夠持續經營，都是因為顧客願意掏錢購買公司的產品與服務，因此擬定經營策略時，本來就應該從顧客的觀點著手討論。只問「有沒有人有想法」，是規劃不出好的經營策略。

◎擬定經營策略的五個重要問題*

杜拉克指出在擬定**經營策略**時，要問自己**五個重要問題**（參考書末附錄）。

＊參考：《杜拉克：管理的使命、實務、責任》第五～十章

階段5 48 47 46 45 44 43 42 41 40 39 38 37 36 35 階段4 34 33 32 31 30 29 28 27 26 25 24 23 階段3 22 21 20 19 18 17 16 15 階段2 14 13 12 11 10 9 8 7 階段1 6 5 4 3 2 1

（1）我們的目的與使命為何。
（2）我們的顧客是誰（不只是最終消費者，也包括往來公司）。
（3）顧客追求的價值為何（怎樣的價值讓人願意掏錢買）。
（4）我們的成果為何（應該提供什麼？顧客與市場做何評價等）。
（5）我們的計畫為何（短期與中期的活動計畫）。

他進一步指出，在回答這些問題之前，**要「清楚定義公司的事業」**，比方說以「提供全世界好穿、舒適的鞋子」為目的與使命的公司，就應該認真思考「希望哪些人穿這些鞋子？」、「那些人追求的是怎樣的穿鞋感覺？舒適又是怎麼回事？」、「要提供什麼才能滿足客人？」、「要如何製造、如何提供給顧客？」、「需要一份怎樣的具體計畫？」——如果都有具體答案，成為聞名世界的鞋廠將不是夢想。

◎擬出各部門的行動計畫，並決定負責人

為了回答先前的第五個問題「我們的計畫為何」，要擬定實現目的

與使命所需要的行動計畫。行動計畫中包括製造產品、業務活動、聯繫顧客、準備辦公室、雇用員工、準備需要資金、構思高效組織結構、建構資訊系統等。每一項都要設定目標（數量與期限等），並決定執行負責人。

杜拉克將與經營公司有關的活動分成八個領域參考40，表示設定每個領域的目標，取得各目標的平衡是很重要的。另外也要因應環保問題、少子高齡化社會的發展、全球化等社會的需求變化，經常審視事業定義。

想要確實擬出經營策略

誰有好的想法？
……
嗯……
先從「顧客的觀點」著手討論！
杜拉克入門
杜拉克讀書會
（1）要確認目的與使命。
（2）顧客是誰？
（3）顧客追求的價值是什麼？
（4）成果為何？
（5）擬定行動計畫。
杜拉克入門
我們的使命是……
我們的顧客是……
成果是……
行動計畫是……

27 經營團隊沒有作用

看不到經營幹部工作▼▼▼我們公司的經營幹部都很忙，一個月只能在經營會議上見到一次面，因為每個人都還有別的事業部的工作要忙，所以牽涉到整間公司的經營課題總是被擺在後面。

●要做適合經營幹部這個職位的工作

經營團隊延遲處理跟組織未來有關的公司經營課題是不對的，真的只是因為忙碌嗎？有必要審視董事、執行董事等經營高層是否善盡責任。

◎經營團隊的六項工作*

經營團隊（總經理與董事等高層幹部）是經營會議的成員，要分擔工

* 參考：《杜拉克：管理的使命、實務、責任》第五十章。
**內部控管工作：有查核組織內部功能的各種工作，目的要將公司資訊正確告知股東、要遵守法律。

作與任務，董事與執行董事除了法律責任不同外，**成員們有各自的專業，應該組成一個不分階級的團隊組織**。

杜拉克認為，經營團隊有以下六個工作。

（1）思考組織的使命、（2）設定組織標準與規範，明定組織的價值觀、（3）秉持工作精神，建構與維護人際關係，並培養未來的經營者、（4）在外維繫與顧客和主要交易廠商的關係、（5）出席儀式與社交活動、（6）出動解決重要危機。

除了會影響組織成果的工作外，也包括現今受到矚目的內部控管工作**，把責任都推給經營高層，是無法解決課題的。

◎經營團隊的工作是「自己創造變化」

在全球經濟與社會環境劇烈變動的今日，跟著眼前變化改變因應的做法，反而可能造成組織的混亂。杜拉克說，要在這樣的情況下做出成果，就應該**自己創造變化**。

階段5 階段4 階段3 階段2 階段1
48 47 46 45 44 43 42 41 40 39 38 37 36 35 34 33 32 31 30 29 28 27 26 25 24 23 22 21 20 19 18 17 16 15 14 13 12 11 10 9 8 7 6 5 4 3 2 1

比方說，某公司在經營會議上花三個小時討論「扯公司後腿的元凶是誰？」、「哪個環節造成客訴？」、「為什麼新產品賣不好？」等，還數度要求現場員工到場說明，並打出對策，要「停止製造滯銷產品（後續服務還是繼續）」、「改善造成客訴的業務」等。但是，從「自己創造變化」的角度來看，不能忘記討論「為了找出創新機會，要仔細觀察現場並傾聽顧客心聲」、「讓年輕員工參與新的事業機會」等對策。整個組織都要是**變革推動者**（Change Agent），自己創造變化是經營團隊的工作。

此外，經營團隊與經理人也要負責考核自己的管理績效，杜拉克建議利用**經理人評分表**（參考40、書末附錄），就**投資**、**人事**、**創新**、**策略四項觀點**，比較其期待與結果。

經營團隊沒有作用

臨時經營會議
出席的只有這幾位啊？
大家都出差或者有急事……
這樣什麼事也無法決定。
出差
接待訪客中
出差
處理客訴
杜拉克入門
我們來想想經營團隊應該做哪些事情！
經營團隊的工作有：
（1）思考組織的目的與使命。
（2）明訂規則與價值觀。
（3）維護組織人際關係並培養人才。
（4）對外維繫顧客。
（5）出席儀式與社交活動。
（6）出動解決危機。
居上位的人要注意這些事情啊！
都是現在的我們所欠缺的…
好！
經理人成績表
為自己的管理狀況打分數，也是經營團隊的工作。

28 有所謂的理想組織嗎？

我們公司的組織結構經常改變▼▼▼ 這幾年，組織經常變更，但是交接工作又做得不夠確實，我懷疑這些改善對成效是否有幫助。

●組織變更的目的是？

變動組織結構有各種理由，可能是「為了落實經營策略」、「為了防止與交易廠商之間有勾結等不法情事發生」、「為了調整人際關係」等。不管為的是哪些理由，變動太過頻繁時，光要適應就會讓員工精疲力盡。

◎打造「理想組織」的步驟

杜拉克說，理想的組織就是有好成果的組織，他列出打造高成效組織的步驟如下。

（1）打造組織的腦與骨架——依據組織的目的與使命等，清楚訂出經營策略與經營課題，並就重要活動決定事業單位與部課。

（2）充實組織內容——明確訂出經營團隊的負責工作，完成整個組織圖，但要注意創新（改革）工作與現場工作不要互相干擾，這麼一來，組織的外形便完成了。

（3）加上運作組織的肌肉——白紙黑字寫出具體職務，並設計工作內容，接著將承辦人扮演的角色與責任、權限、履行權限所需要的資訊等做成檔案，再透過教育訓練，讓組織的每個人都知道。

與其刻意「更動組織」，不如從這些觀點出發，重新審視既有組織，不足的地方經過補足，也能提高經營成果。理想的組織得自己研究、嘗試錯誤才能得到。

◎理想組織是扁平的「管弦樂團型」

現在很多企業的組織結構分成好幾層，因為搞得太複雜、太常更動，有的時候反而造成問題。為打造高成效組織，一定要改善、解決這些缺點。

再者，很多經營組織屬於職能組織（研究開發部、製造部、業務部等），配置企劃與管理部門這類行政功能後，就是一個事業單位。除了這類階層型組織外，同時有整合多項職能的團隊型組織。

杜拉克認為，理想的組織就像由經理人負責作曲、指揮的管弦樂團。他指出，只要是以知識工作者為主體，奠基於資訊的組織，**組織階層一定要少於四層**，而且組織的運作應該交給有強烈責任感的員工（管理者）負責。

有所謂的理想組織嗎？

組織更動了。
啊，又來了嗎？
○○現在在哪個部門啊？
這個嘛～
我的權限現在變成怎樣了？
到底為了什麼要變動組織呢？
我該跟誰報告？
理想組織是有好成效的組織。
四層以下的扁平組織
管弦樂團型
指揮
經理人
優美旋律
領袖指揮整合各聲部。
停止隨便更動組織！
爵士即興演奏型
沒有領袖最後也能整合。
網球雙打型
要打造可以帶出自我最佳成績的組織！
呼！

29 ＩＴ對經營有多重要？

公司在ＩＴ投資相當多的金額……▼▼▼ 公司已經在ＩＴ方面投資了相當多的金額，但是讓人懷疑對經營成果有多少幫助。到底經營上有多需要ＩＴ呢？

現在是讓ＩＴ工作的時代

過往講到ＩＴ（Information Technology，資訊科技），不外乎是計算機，但是情況已經改觀，我們已經可以在網站上接受客人訂單、把工作交給ＩＴ，人類生活的各個層面已經掀起了ＩＴ革命。

階段5 48 47 46 45 44 43 42 41 階段4 40 39 38 37 36 35 34 33 32 31 30 29 28 27 26 25 階段3 24 23 22 21 20 19 18 17 階段2 16 15 14 13 12 11 10 9 階段1 8 7 6 5 4 3 2 1

◎事業與工作都可以靠ＩＴ

比方說接單、送貨到請款這一連串的過程都讓ＩＴ來做，可以迅速將商品送達客戶手中，滿足客人期望。

不用ＩＴ的組織，其資訊傳達系統是金字塔型的上下階層，縱向部門的承辦人主要用口頭或者文件遞交的方式傳送資訊，這種資訊傳達法，速度與正確性當然不夠。這個時代，**將ＩＴ導入事業架構，將工作交給ＩＴ**已經是理所當然，參考36但也不是所有的工作都可以由ＩＴ取代。

◎三類資訊掌握經營關鍵＊

ＩＴ投資一定要對經營決策有幫助，杜拉克舉出組織需要的三類資訊。

（１）製造與物流成本、取得並維繫顧客所需要的成本等成本資訊。

（２）生財資訊。

＊參考：《21世紀的管理挑戰》第四章

①判斷財務會計等經營狀況的資訊。

②經營資源（人力、財力、物力）的產能資訊。

③公司獨創並握有優勢的知識與工作資訊。

④投資案件的成效與人員安排、工作表現等資訊。

（3）非顧客、顧客、市場、競爭對手、金融局勢、國際情勢等外部環境的資訊（非顧客的資訊特別有用）。

◎有必要隨時因應資訊與相關趨勢變化，進行IT投資

人厲害的是能夠整合IT與工作，建置出工作架構與組織。斟酌組織目的與使命，打造可以創造顧客的組織是工作族的職責，知識工作者要對自己握有的知識與資訊負責，並提供給組織，這樣就是一個大家都盡責工作的組織。杜拉克稱呼這類組織為**奠基於資訊的組織**。

只要經營環境隨著時代改變，IT投資就沒有結束的一天。

IT對經營有多重要？

如何！咬牙花大錢買了大型伺服器。
哇，到底花了多少錢？
有必要嗎？
花錢在IT的方式有沒有錯誤？
首先要打造「奠基於資訊的組織」
運用IT提高資訊傳達的正確性與速度
・經營所需資訊
財務會計、經營資源的再生產、公司的獨創性、優勢、投資案件、人員的工作表現、成本等。
・外部環境的資訊
特別重要的是非顧客的資訊。
清楚需要哪些資訊，再來決定IT投資的方向。

30 重新審視IT

需要的資訊無法從IT獲得▼▼▼每年為了財務預測，主管與會計部都會問，「給我那份資料」、「那項事業進展如何」，為了應付這些需求，有時得中斷手邊的工作，但是明明數據都鍵進去了，為什麼我們公司的IT就是派不上用場？

沒有明確傳達現場需求，IT當然派不上用場

什麼都推給IT工程師的話，IT派不上用場是必然的結果，就好像沒有把生活型態、裝潢喜好清楚告訴建築師的話，當然無法蓋出理想住家。對現況不滿的話，當然得改建。

階段5 階段4 階段3 階段2 階段1

◎工作族有「資訊責任」

資訊不能只是共享，還要有助刺激經營活動。因為就算想對工作負責，如果缺少必要資訊，負得起的責任也負不了。比方說老闆親上火線處理不良品問題，手邊沒有相關資訊的話，怎麼在記者會上承諾表示負責呢？即使他想要親自確認內部控管的效果，如果沒有監看業務的機制，也沒法負責。

杜拉克指出，**不只經營者，在組織工作的每個人都有資訊責任**，包括將必要資訊明確告知ＩＴ工程師的責任。

◎設計工作內容時，應遵循資訊處理程序

獲得**品質管理系統**＊認證的公司會發生有損社會觀感的醜聞，原因之一是因為有兩套作業標準，在取得並維護認證的作業標準外，還有一套實際工作的作業標準。

＊ 品質管理系統：打造可對外保證確實做好品質管理的體制、機制，ISO9001中記載了相關指針與標準。

取得認證成了目的，並沒有實際改善業務以符合認證機構所認可的標準，也沒有徹底要求員工工作要符合標準，通常是醜聞發生的原因。

這可能跟將所有責任都推給品保部門有關，杜拉克呼籲，要**遵循資訊處理程序訂出工作內容**參考18，比方說「在每月第一個星期一的上午十點，將需要的資訊類型具體告知ＩＴ工程師」。

◎要清楚「工作因為資訊而成立」

不只是經營者，所有的知識工作者都有資訊責任，有責任將自己理想中的工作與相關資訊體系正確傳達給ＩＴ工程師知道。ＩＴ工程師則有責任提供對方需求的資訊，協助讓相關體系具體實現。每個人都要清楚知道**工作少不了資訊**，都應該負起資訊責任。

重新審視IT

我找不到統計數據。
明明鍵入數據了，現在是怎麼一回事？
啊，那應該是…
○○公司的案子進展到什麼地步？
都推給IT工程師才會變成這樣。
大家都有資訊責任！
總經理
經理
課長
前輩
正職員工
派遣員工
委外廠商
應該共享的資訊
傳達給下屬知道
報告給主管知道
遵循資訊處理程序來設計工作內容吧！
原來應該確實將這些資訊傳達給IT工程師與承辦人員知道啊！

31 培養不出人才

明明有人才培育制度……▼▼▼ 敝公司有人才培育制度，每人每年享有一定額度的上課預算，可以選擇想要上的課程。只要申請，其他機構辦的研習課程也可以參加，但還是培養不出優秀人才，真讓人傷腦筋。

原因出在目標管理制度沒有發揮作用

即使透過人力銀行錄用到優秀人才，並不保證那個人在第二年以後繼續會是個有用人才，教育預算要能看出成效才有意義，其實人才不足的主因出在目標管理制度上。

◎杜拉克所謂的目標管理的真正意涵是？

知識工作者運用知識負責工作，在取得成果的過程中成長茁壯，為了不浪費教育預算，教育的內容要跟工作有關，要符合公司目的與目標。

很多組織導入**目標管理**制度，但會出現一些問題，像是「目標流於空談」、「硬逼員工吞下目標的結果是讓下屬失去幹勁」等。大家並未充分理解杜拉克所謂的目標管理的真正意涵，杜拉克的目標管理是，「**依循公司目標，自主決定自己的目標**」、「**自己為自己的工作結果評分，讓自己成長**」，是**自我目標管理**。

◎鼓勵與「主管對話」的目標管理工具*

企業的目的是創造顧客，因為伴隨社會責任[參考39]，每個人都應該把自己當成老闆。設定組織整體目標，不讓組織走偏的指南針，就是評估**八個目標領域**的**管理評分表**[參考40、書末附錄]。他也建議使用自我目標管理工具「**給經理人的一封**[參考書末附錄]

＊ 參考：《彼得・杜拉克的管理聖經》（*The Practice of Management*）第十一章、《杜拉克：管理的使命、實務、責任》第三十四章。

信」，讓個人與組織的目標趨於一致，這封信要在主管的協助下由下屬自己填寫。

當中的「主管的工作目標」、「自己的工作目標」、「主管對我工作的要求水準」，需要主管與下屬溝通才有意義。了解彼此認知上的差異，除了能夠消弭組織與個人目標的差異外，同時有助了解彼此工作的意義，將能產生更好的動機。

◎與主管一同決定自己的「適所」，就能成長為「適才」

下屬挑戰高目標時，需要主管的鼓勵。利用「給經理人的一封信」進行個別談話，是下屬與主管相互學習、相互成長的機會，**決定屬於目標的「適所」，朝目標努力才能成長為「適才」**(參考24)。杜拉克表示，有公司每年運用兩次這樣的面談之後獲得好成果，看來也值得我們試試。

培養不出人才

培養不出人才。
又是研習。
有這麼多研習機會是很好啦，但是……
研習
研習
研習
研習
研習
這是因為目標管理機制沒有確實發揮作用。
培養有能力人才的自我目標管理是指：
・依循公司目標，訂出自己的目標。
・自己為執行結果打分數，並且進一步改善。
管理評分卡（目標與期限）
原來如此，我清楚主管的想法了。
好！下次以○△□為目標！
給經理人的一封信（目標與該結果）
結果自己也跟著成長了。
參加研習不再是負擔。
下次要上這個課！
研習
研習
研習
研習

32 該晉升為怎樣的人？

人事問題真讓人頭痛▼▼▼ 技術經理的人選遲遲無法決定，總經理在人事會議上指示，要從知名大學研究所畢業的人中，根據表現決定。

人事是公司釋放給員工的訊息

再沒有比公司的人事安排更直接影響員工幹勁，員工會從某人獲得晉升這件事上，敏感認知到公司要求人才具備的價值觀與方針。人事安排也會影響員工的工作表現，因此要很慎重。

◎人事安排要以「組織成果」為最優先考量！

要晉升某人時，要先研究該職務內容是否適合他。一般人事異動的程序是會先列出幾位人選，除了評估過去的表現，也會徵詢同事與下屬對他們的評價，訂出明確的決定標準，再確認當事人是否可以勝任。

杜拉克另外再加上一點，那就是「組織要以成果為最優先考量」，進一步再問「技術經理這個職務是不是能夠讓人選發揮長處」、「是否願意自己的孩子在那個人的底下做事」等等，相當謹慎。

他也說組織需要的是眾人的長處，因此**對缺點則要睜一隻眼閉一隻眼**。

◎「誠信（人格）」與「長處（績效）」兩者要兼顧

技術經理人選中，有沒有人重視績效更甚頭銜？會去發掘別人的長處與優點？會設定更高目標自我挑戰？重視人格更甚知性？如果沒有，或許得重新再找人選。

如果由是非不分或者會故意打壓能幹下屬的人接下這個職務，組織的前途可就令人擔心。

居上位的人當然**要不惜奉獻自己，要能率先行動，誠信與績效都重要**。很多好公司花時間在找人才，因為他們不只在乎人的能力，對人格也不妥協。

◎人事部應該要做的事情也跟著改變

與其他先進工業國家一樣，日本的知識工作者越來越多，終身僱用制度也在瓦解當中。過去，人事部的工作主要是人員的錄用、評估考核、離停職的辦理等勞務管理，但是未來比重應該要放在發揮知識工作者能力的人才開發與管理教育等作為上。

該晉升為怎樣的人？

誰適合當技術經理啊？
△△博士
○○研究所
國外大學
□△大學
學歷與績效啊…
人事要
很慎重！
晉升的判斷標準有──
過去的績效
＋
・同事與下屬的評價。
・能否讓他有所發揮。
・願意讓自己的孩子在他底下工作嗎？
・有誠信嗎？
嗯…
重視績效更甚頭銜。
會去發掘人的長處。
○○先生是怎樣的人呢？
・流動性［讓人發揮長處，也方便轉換跑道的環境］
・因應各種雇用、工作型態的人事制度與管理教育。
日本的人事部一定得改變。
我們就試試看吧！
好！

33 想要加強行銷

公司的行銷已經用盡一切手段了嗎？▼▼▼在討論下一季的經營會議上，老闆開罵說「新產品還有促銷都讓人失望，行銷部到底在搞什麼？」在場的行銷部門負責人則是一臉無奈的表情。

貴公司的行銷是貨真價實的行銷嗎？

過往的行銷策略行不通，正是在經營會議上認真討論的好機會。在問「行銷部應該做些什麼」之前，應該先問「什麼叫做行銷」、「公司的行銷應有方式為何？」

◎行銷的目的在「杜絕兜售」

依照杜拉克的說法，**行銷是要探究顧客買的價值是什麼，是要想辦法讓產品與服務自然就能賣出去**，說極端一點，行銷的目的是要杜絕兜售。

在《彼得・杜拉克：使命與領導》（*Managing the Non-Profit Organization*）一書中，杜拉克與行銷大師**菲利普・科特勒**（Philip Kotler）對談，兩人在「符合顧客價值觀與滿足顧客需求是行銷的任務」這點上看法一致。

◎行銷的方式由事業內容與顧客決定

搞清楚顧客的價值觀與需求，明瞭應該提供哪些產品與服務後，就能看出公司應該採取的行銷做法。如果不清楚哪些人是公司的顧客，就請重新討論那最根本的問題：「公司的事業為何？應該為何？」再分析市場，釐清顧客追求的價值。

五個重要問題也是一連串的行銷活動參考26、書末附錄。除了「顧客追求的價值為何」、「我們的成果為何」、「我們的計畫為何」，並研究「我們如何提供什麼」，就能看出公司的行銷該怎麼做了。

◎行銷就是「創造顧客的策略」

杜拉克更進一步表示，行銷就是**創造顧客的策略**。比方說便利商店7-11，最初是將行銷目標訂為「成為目標地區的第一名」、「主要銷售暢銷全國的品牌商品」，並且以「有你真好」這支電視廣告打開市場認知度，為當時在食品超市購物的生活型態掀起變革，可說是成功的創造顧客策略。

想要加強行銷

行銷部在搞什麼！
……
我們一起來思考何謂行銷？應該怎麼做？
叩叩！
<五個重要問題+1>
・我們的目的與使命為何？
・顧客是誰？
・顧客追求的價值是？
・成果應該是？
・我們的計畫為何？
・應該如何、提供什麼？
思考這些問題是行銷活動的原則。
杜拉克讀書會
我們重新擬定活動計畫吧！
一起構思創造顧客策略吧！
顧客的需求是…

34 希望打造擅長創新的組織

公司害怕創新▼▼▼公司有一定歷史，但是新產品與新服務的開發卻總是慢半拍，我擔心這樣下去業績會滑落。

組織的創新功能沒有發揮作用

擁有高學歷、高技術力的員工無法為公司帶來經營成果，是因為知識工作者與組織的管理沒有契合。我們有必要思維組織該如何發揮創新作用。

日常工作也需要創新參考11

杜拉克所謂的**創新是利用既有資源創造財富**，我們平常就在做的產品改良、業務流程改善、降低成本等，都是廣義的創新。他也說創新是**為人類生活帶來新價值與富足**，屬於社會公器的組織所具備的創新功能，是藉由提供產品與服務，貢獻社會與經濟發展的能力。

◎問幾個有助知識工作者發揮長處的問題

知識工作者重視生命價值與成就感，這是他們工作與自我啟發的動機，也就是說工作不只為了錢。對於那樣的員工，杜拉克說可以問他們以下幾個問題：「你會在何時之前發揮哪方面的長處呢」、「為此你需要的資訊以及會提供給公司的資訊有哪些呢」。問這些問題，除了釐清彼此的職責，也有助站上起跑線，為達成組織成果發揮個人實力。

◎擅長創新的組織條件 參考20、24

杜拉克從許多案例中發現到**擅長創新的組織的共通處**，這裡舉Google這家ＩＴ企業為例做說明。

（1）把焦點放在全世界網路使用者希望搜尋速度更快的需求上。
（2）以二到三人的小團隊推動工作，徹底追求工作效率。
（3）不斷推出空拍照以及地圖資訊等新服務事業。
（4）有自己的一套員工工作表現目標的設定標準（規定技術人員有義務將每月工作時間的二十％用在新事物上）以及考核標準。
（5）讓員工直接對經營者報告新的開發專案。
因為平常就這麼做，所以Google才有今天的成功。

希望打造擅長創新的組織

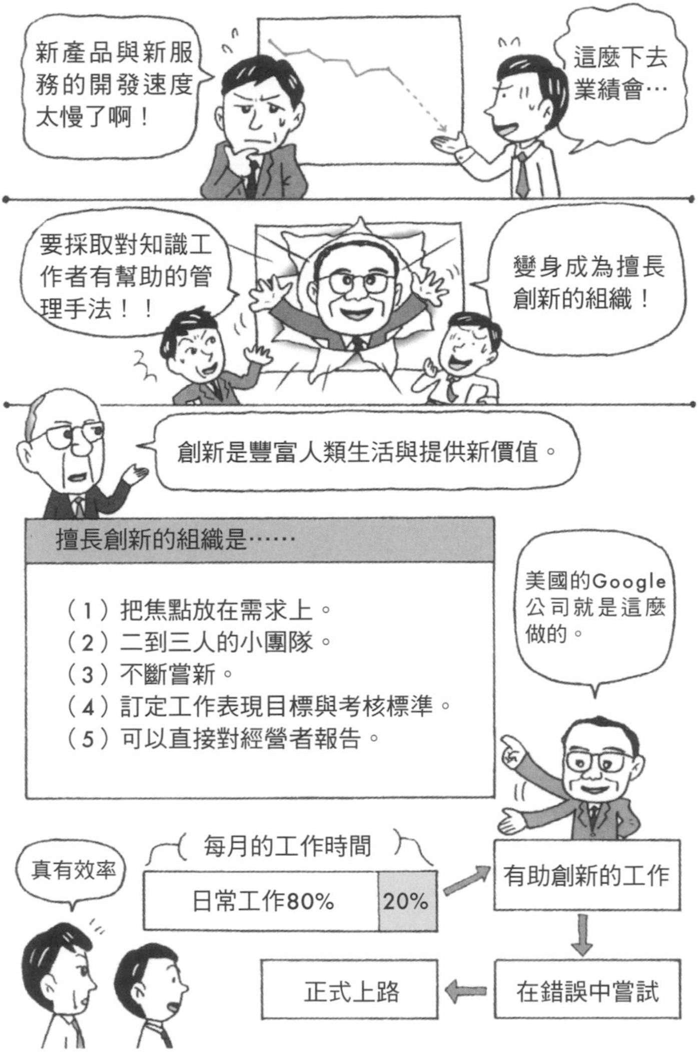
新產品與新服務的開發速度太慢了啊！
這麼下去業績會…
要採取對知識工作者有幫助的管理手法！！
變身成為擅長創新的組織！
創新是豐富人類生活與提供新價值。
擅長創新的組織是……
（1）把焦點放在需求上。
（2）二到三人的小團隊。
（3）不斷嘗新。
（4）訂定工作表現目標與考核標準。
（5）可以直接對經營者報告。
美國的Google公司就是這麼做的。
每月的工作時間
日常工作80%
20%
有助創新的工作
在錯誤中嘗試
正式上路
真有效率

35 應該擴大公司規模到什麼程度？

公司規模擴大等於公司成長嗎？▼▼▼ 在這個月的經營會議上，老闆說「不景氣正是擴大公司規模的好機會，因此考慮放手投資」。平常話不多的財會經理也一副不置可否的表情，但是擴大公司規模就等於公司的成長嗎？

公司的規模與成長是兩回事

許多經營者都想將組織做大，但是一時成功擴大規模，經營遭遇問題卻沒有政府的融資協助便無法重新站起的話，這算是健全組織嗎？我們就來討論公司的健全成長吧。

◎「質的變化」較「量的擴大」對公司成長有幫助

學校、醫院、企業的規模會隨組織改變，三十人的公司與二萬人的公司，一定有適合各自規模的組織結構與行動。一間千人規模的公司在創業當時可能只是一間十人小公司，這類組織都是因應員工人數，慢慢改變組織結構一步一步成長的。

杜拉克說，**公司的成長不是規模的做大，而是質的改變（組織結構與行動的變化）**。顧客的支持是規模擴大的助力，為了確保顧客的支持，不只是員工人數，提供產品與服務所需要的相對成本也會增加，最後會來到一個階段，就是再怎麼擴大規模也無法增加獲利的時候，杜拉克認為，那時就是**該公司的最佳規模**。

◎問員工幾個問題就知道「組織的健康情形」

杜拉克說，**組織的健康**是最重要的，同時提高產能並大幅減少職災的全球鋁材生產大廠美國鋁業公司（Alcoa）的背後，是杜拉克的以下建議*。

杜拉克建議要以成為——當問到員工**「公司對你們表達敬意嗎？」**、**「公司提供貢獻所長所需要的教育訓練與支援嗎？」**、**「公司知道你對公司有所貢獻嗎？」**時，每個人的回答都是「ＹＥＳ」的公司——為目標。麗思卡爾頓酒店等受到顧客支持的企業，都有定期調查員工滿意度的制度，這也是在檢視組織的健康與否。

◎「公司的成長與規模的最佳化」是經營者的責任

公司的成長與規模的擴大都取決於經營者有沒有心，不這麼期望的話是不可能成真的。放著顧客不去經營，顧客會離去，維持現況意味著衰退。依據業界與市場規模或者成長率，帶領公司成長發展到最佳規模是經營者的責任。杜拉克說，沒有一項做得到，或者不想做到，就是老闆要自動退場的時候。

＊ 參考：伊莉莎白・哈斯・伊德善（Elizabeth Haas Edersheim）所著《杜拉克的最後一堂課》（*The Definitive Drucker*）。

應該擴大公司規模到什麼程度？

○○會議
我們要擴大公司規模！
喔喔！
喔喔！
光有氣勢沒問題嗎？
不要衝動！
擴大規模與成長是兩回事！
?
首先要量測「組織的健康程度」。
每個員工的回答都是「YES」嗎？
（1）公司對你表達敬意嗎？
（2）公司提供貢獻所長所需要的教育訓練嗎？
（3）公司知道你對公司有所貢獻嗎？
提升品質比擴大規模重要啊！
員工滿意度也很重要。
最佳規模
組織的平衡
忘了這些理所當然的事情。
原來如此。
顧客的支持
獲利
質一變，支持也跟著改變！
要取得需求與獲利的平衡！

36 透過全球化取得成果

希望往海外市場發展 ▼▼▼ 國內事業已經步上軌道，所以開始計畫往海外市場發展，想知道成功秘訣。

企業往海外市場發展會遇到各種困難

在海外發展的企業中，撐了幾年還是選擇退場的例子絡繹不絕，原因有很多，像是快速擴大營業的關係，零件的調度出了問題導致缺貨情形發生，或者無法在海外繼續維持國內的品質、不適應當地文化與價值觀，以致發生人事與雇用的問題。無論如何，企業不是靠一些小把戲就能在海外取得成功。

◎「全球化企業」與「跨國企業」是不一樣的

有名的聯合利華（Unilever）、IBM、P&G、可口可樂、IKEA等，或者是日系的TOYOTA汽車、SONY、PANASONIC等公司，廣義來說都是**全球化企業**。

杜拉克說，全球化企業的一個大的特徵，就是**把世界當成一個市場**，還有就是放眼全球擬定經營策略、組成經營團隊、進行行銷研發、管理人事財務，並盡可能將各國、各地的工作交給當地的人才，銷售與售後服務等也都尊重當地的文化與價值觀。全球化企業應該是在各國當地扎根的市民，管理的內涵跟將總公司的作法原原本本地複製到各國，要取得經濟霸權的跨國企業有很大的不同。

◎沒有卓越管理無法成為全球化企業

要成功發展成為全球化企業，除了要有很強的行銷與創新能力外，還要有**合理且產能卓越的業務活動**，**同時要能維持高的顧客滿意度**。像是全球知名的家具廠IKEA的直營店，採用的是在展示區寫下想要購買的商品編號，最後在大型倉庫取貨到收銀台結帳的自助方式。除了規劃展示區展示各種生活搭配與休閒育樂外，因為教育成功，員工待客親切，讓來店的顧客逛到都忘了時間。

此外，在與展示區相鄰的用餐區，則可以以相對便宜的價格享用到各式餐點，有前菜、主食、點心、飲料等等，有人的目的甚至只是用餐。搭乘免費接駁車來到店裡的每一個人都雀躍不已，好像即將開始野餐或是前往遊樂園般。為了讓每個人都能樂在購物中，整間店**運用IT進行管理**參考29、30。

杜拉克也說，全球化能否成功，就看有沒有這樣的卓越管理機制。

透過全球化取得成果

好！我們要到海外發展！
啊？我們又不知道怎麼做……
只靠小把戲是無法成功的。
全球化企業將世界當成一個市場。
同時要努力在各國扎根。
要成功全球化得先……
（1）有很強的行銷與創新能力。
（2）擅用IT。
（3）工作合理且產能卓越。
（4）培育人才。
（5）尊重各國的文化。
（6）與各國政府協調。
要在文化與法律、社會局勢完全不一樣的地方工作啊！
我們先試著重新審視工作內容、IT、人才培育的部分吧。
目標越難，越有挑戰價值。
我會重頭學起的！

37 政府規定繁瑣

新產品的開發成本上揚▼▼▼因為政府的規定，新產品的開發期間拉長，造成成本上揚。不只針對廣告宣傳與業務方法，感覺針對會計制度與稅制的法規也增加了。

也有企業受到法規保護

對於不易取得許可、認可的業界來說，符合規定的組織可以說是受到保護的，因為手續繁雜以及產品成本不降價的緣故，可以阻止其他公司分一杯羹。到底政府與企業應該是怎樣的關係呢？

◎政府原本應該扮演「救助民眾」的角色

政府所制定的法規都是為了經濟與社會，像是法律（民法、刑法、商法、公司法、稅法等）。另外還有律師、專利律師、會計師、稅務師、醫師、護士等執照制度，藥劑等產品的規定、產業廢棄物的規定等，非常多。

杜拉克說，**救助民眾是政府原本應該扮演的角色**，而現實是國家的定位決定了會有哪些法律規定，如果國家認為拼經濟最重要的話，保護經濟活動的法規當然會多於救助民眾的部分。

◎不能全權委託政府

杜拉克說，日本以及其他先進國家普遍「不信任政府」，幾乎各國都有財政赤字、少子高齡化、就業難與失業、經濟成長遲緩、年金問題、環境問題。這幾年，只有少數幾個企業與政府成功打好關係，瑞典的一個稱為**雷努計畫***的雇用對策就是一例。

◎「企業自立」與「高效能政府」

時至今日，日本國內企業也必須跟全球化企業一較高下，政府與組織都應該放眼全世界蒐集資訊，重新審視所在組織的定位，**好好想想為了將來，現在應該做些什麼？可以做些什麼？**

藉著推動少子高齡化對策、環境對策等活化經濟是社會的需求，是**發揮企業家精神，自立成為社會企業的機會**。我們需要的是可以快速改善並捨棄落伍政策與法規的政府，**一個有效能的政府**。杜拉克說，當企業與政府可以分工合作，相互發揮領導能力時，就能成就出更美好的社會。

＊ 雷努計畫：是一九五〇年代工運領袖雷努想出來的方法，透過政府、工會、經營者三方的合作，成功穩定雇用，貢獻經濟發展（參考：《杜拉克：管理的使命、實務、責任》第二十二章）。

政府規定繁瑣

綁手綁腳的。
法律
執照制度
規定
有的時候規定讓人獲益。
法律
執照制度
規定
競爭
政府的目的是「救助民眾」
我們一起來想想政府與組織的理想關係。
政府
・捨棄不必要的政策。
・只做政府才有辦法做到的事情。
大家需要的是一個有效能的政府。
企業・組織
・要執行「五個重要問題」。
・將社會的課題發展成為事業。
大家需要的是一個自立的組織。
這是政治家應該從事的改革！
大家的共同目標是打造更美好的社會！
要放眼全世界。

38 環保問題該如何解決？

我們公司也需要環保對策嗎？▼▼▼環保問題甚囂塵上，公司已經取得ISO14001＊（環境管理系統）認證，產業廢棄物方面的處理對策也很周全，未來還需要犧牲可以賺錢的機會來因應環保問題嗎？

有些經濟活動會引發環境問題

不是不把有害物質倒進河裡就叫做有周全的環保對策，地球暖化、臭氧層破洞、氣候異常、珍貴礦物與生物資源的減少、熱帶雨林面積的減少等，有越來越多都是起因於一般的經濟活動。

＊ ISO14001：國際標準化組織（International Organization for Standardization，簡稱ISO，總部位於瑞士）所制定的環境管理系統規格。

◎環保問題對策已經是「企業的社會責任」

除了排放會造成地球暖化的二氧化碳外，為了製造藥品、產品濫用生物資源，讓生物資源瀕臨滅種危機，也是經濟活動對社會的影響。杜拉克說，組織對帶給社會的影響要負起責任，因此，這些組織有責任將破壞環境的原因努力減到趨近於零。

◎相關的環保國際公約並沒有發揮作用

一九九二年在里約熱內盧召開的聯合國環境與發展會議，各國簽署了氣候變化與生物多樣性方面的公約，之後在一九九七年通過了「京都議定書」（Kyoto Protocol），與基因資源使用以及利益分配有關的「名古屋議定書」（Nagoya Protocol）則在二〇一〇年十月舉辦的COP10（第十屆生物多樣性國際會議）中通過決議。日本加盟了這兩項公約，但是其他大國並未加盟，加上先進國家與新興國家在利害關係上的對立，很難如計畫進行。

◎杜拉克對環境問題所提出的警告與建議

不只在新興國家，在先進國家也是，這幾年的異常氣候奪走了許多人命，除了專家，有越來越多民間人士也在呼籲重視人類的生存危機。

各組織當然要依據ISO14001與ISO26000（社會責任的國際指針），停止製造有害環境的產品並改善相關製程，但是要恢復已經遭到破壞的地球環境，防止人類生活圈在內的生態系遭到破壞還是不夠。

一九七二年在斯德哥爾摩召開的聯合國人類環境會議，讓大家普遍意識到環境問題是人類共同的問題。在環保活動開始普及的當時，杜拉克已經發出警告指出，企業與消費者，甚至是政府都還**沒有注意到解決環境問題需要付出極高成本***。他以國際紅十字會（創設於一九六三年，隔年簽署日內瓦公約）為例，指出為解決環境問題，要充實國際法、設置地球規模的環境對策機構、重新借助聯合國的力量，甚至得犧牲國家主權。

＊ 參考：彼得・杜拉克所著《日本成功的代價》（日本成功の代償）及《新現實》（*The New Realities*）。

環保問題該如何解決？

有了這項資格，我們公司的環境對策就高枕無憂了！
ISO14001
[產業廢棄物對策]
環境對策不只這些。
ISO1
資源問題
經濟活動
自然破壞
地球暖化
環境對策是企業的社會責任！
為解決問題，政府、企業、消費者都要付出極高代價。
・需要設立新的國際機構。
・要抑制企業與國家的自利行為。
經濟發展與環境保護很難兩全。
經濟活動的擴大
資源問題
地球暖化
自然破壞
放著不管，代價只會越來越大。

39 應履行社會責任到什麼程度？

1H

已是股東大會的討論主題▼▼▼ 股東大會上討論到社會責任，財務報告結束後，除了內部控管制度與環保對策外，股東也希望了解公司的社會貢獻。每一件事都需要投入成本，到底企業應履行社會責任到什麼程度？

「企業的社會責任」是組織每一份子的課題

今後，股東與組織雙方都要對社會責任有所共識，首先會被問到的是經營團隊如何履行社會責任，這也是組織全員在執行日常業務時要強烈意識到的地方。

◎組織對「帶給社會的影響」要負起責任

日本的公害問題繼續遺害人間，到現在都還沒有實際解決，這類事實告訴我們，**經營事業的所有組織都應該以履行社會責任為最優先。**

杜拉克所謂的社會責任是指，要對組織的產品與服務對人類生活與自然環境以及社會所造成的影響負責。事業單位盡可能不排放噪音與廢棄物、守法（compliance）等，是最基本的社會責任。

另外，在美國喧騰多時，日本也開始蔚為話題的是**經營者的報酬太高**一事，杜拉克認為**這是違反倫理的。**

◎在每個人都是股東的現在，需要新的「企業治理」

現在，上市公司的股東有很大比例是保險公司、金融機構以及各種年金基金的機構投資人，有時認識的某人竟是自己公司的股東。我們都可能是彼此上班的公司的股東。杜拉克說，為了推動藉由法律與社會第三者的監督，讓組織負起社會責任的**企業治理**＊，要重新監督並審視公司事業。

◎杜拉克所說的「企業的社會責任」是這些事情！

杜拉克列舉企業的社會責任如下。

（1）雇用（維持本業的經濟成果，帶來雇用機會）。
（2）處理影響。
（3）守法。
（4）員工的成長。
（5）讓社會更美好。
（6）調和政府、組織、個人，負起社會機構所應盡的責任。

願意面對並進一步解決的信條與信念，就是杜拉克所謂的管理，著手改革管理的時代已經到來。

＊ 企業治理（Corporate Governance）：指為保護股東並防止社會亂象發生，要確保企業經營的透明性，並加以監視的概念與相關制度。

應履行社會責任到什麼程度？

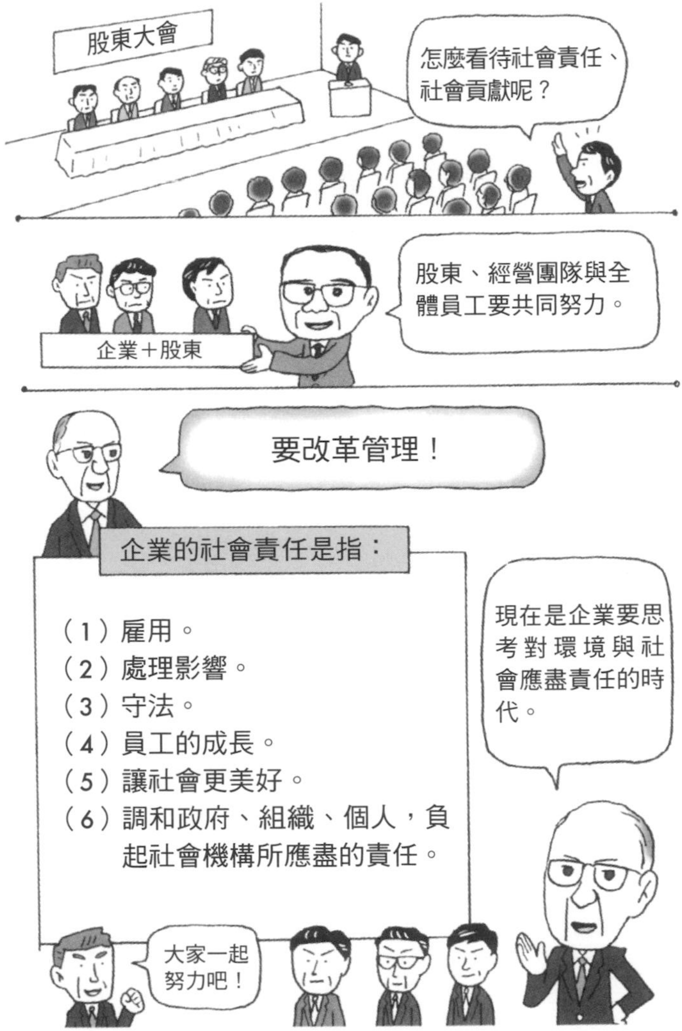
股東大會
怎麼看待社會責任、社會貢獻呢？
股東、經營團隊與全體員工要共同努力。
企業＋股東
要改革管理！
企業的社會責任是指：
（1）雇用。
（2）處理影響。
（3）守法。
（4）員工的成長。
（5）讓社會更美好。
（6）調和政府、組織、個人，負起社會機構所應盡的責任。
現在是企業要思考對環境與社會應盡責任的時代。
大家一起努力吧！

40 公司的管理狀況得幾分？

公司正在研究導入平衡計分卡 ▼▼▼ 要綜合評估公司的管理狀況，有人建議可以導入平衡計分卡的作法。

導入平衡計分卡的企業的煩惱

平衡計分卡（Balanced Score Card，以下簡稱ＢＳＣ）是哈佛大學名師羅伯・卡普蘭（Robert Kaplan）與大衛・諾頓（David Norton）在一九九二年發表的經營策略管理工具，指出要實現策略，要依據財務、顧客、業務流程、學習與成長這四個觀點，考量因果關係與比重設定目標，定期檢視各個目標的達成率，同時經營企業。

但是有些企業導入ＢＳＣ後依然不見成效，原因出在導入ＢＳＣ的這件事成了目的，卻不清楚為什麼要導入。

◎擬定經營策略時要取得八個目標領域的平衡*

杜拉克在《彼得・杜拉克的管理聖經》、《杜拉克：管理的使命、實務、責任》中提到，為實現經營策略，設定目標時要取得**八個目標領域**的平衡。（參考書末附錄「管理計分卡」）

（1）行銷（與既有產品的市場地位有關的目標等）
（2）創新（與新產品開發速度有關的目標等）
（3）人力資源（與人才培育、保有技術有關的目標等）
（4）物力資源（與確保必要設備有關的目標等）
（5）資金（與所需資金有關的目標等）
（6）生產力（與人力、物力、財力等的產能有關的目標等）
（7）社會責任（與社會評價有關的目標等）
（8）必要之獲利（真正必要的獲利金額等）

＊參考：《彼得・杜拉克的管理聖經》第七章、《杜拉克：管理的使命、實務、責任》第八章。

BSC問世的背景，似乎跟杜拉克的「取得複數目標的平衡以實現經營策略」的概念有關。

●用來自我評分的杜拉克式「管理計分卡」*

杜拉克在《動盪時代中的管理》中指出，管理最重要的是要能自我評估在四個領域（投資、人事、創新、策略）的工作表現。經營團隊與經理人得自我評估，而組織也應該讓每位員工了解公司在八個目標領域所設定的目標，每個人都要對自己的工作表現進行評分。

這些就是杜拉克的**管理計分卡**（參考書末附錄）的作用，它就像為達成創造顧客這個企業目的、盡到社會責任這個企業目標，所要用到的樂譜。

設定好目標，如果沒有人工作，組織也無法發揮作用，所以需要**給經理人的一封信**（參考31、書末附錄），因為得**知識工作者自發工作，組織才能運作**。正是有演奏家們賣力彈奏，交響樂團才能演出美妙樂章。

＊ 管理計分卡：杜拉克在撰寫《彼得・杜拉克的管理聖經》時所開發的工具，他拿來運用在給企業的諮詢顧問業務上（參考：藤島秀記「將〈管理計分卡〉系統化的嘗試」《杜拉克學會年報2008年》）。

公司的管理狀況得幾分？

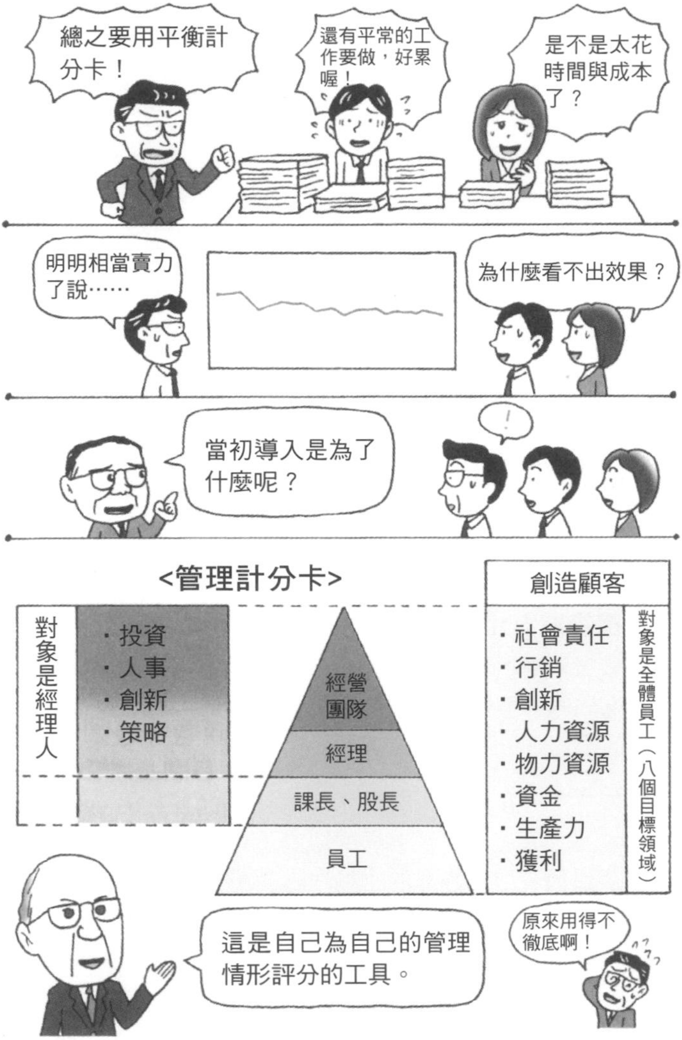
總之要用平衡計分卡！
還有平常的工作要做，好累喔！
是不是太花時間與成本了？
明明相當賣力了說……
為什麼看不出效果？
當初導入是為了什麼呢？
!
<管理計分卡>
對象是經理人
・投資
・人事
・創新
・策略
經營團隊
經理
課長、股長
員工
創造顧客
・社會責任
・行銷
・創新
・人力資源
・物力資源
・資金
・生產力
・獲利
對象是全體員工（八個目標領域）
這是自己為自己的管理情形評分的工具。
原來用得不徹底啊！

▶自我目標管理[Management by Objectives and Self-Control]

「依循公司目標，自主決定自我目標，也自行評估結果，讓自己成長」，這是杜拉克所說的目標管理，不是要硬逼他人接受目標，也不是管理下屬的工具，是要自我管理目標。 ☞31

▶給經理人的一封信 [Manager's Letter]

自我管理目標的機制之一，由下屬寫給主管，養成習慣後，下屬就可以藉由與主管的個別談話，了解自己的目標與阻礙目標實現的原因。 ☞31、書末附錄

▶ISO26000*

與社會責任有關的國際規範，指出環境保護、生物多樣性的保護、法律遵守、價值觀與文化多樣的保護等，是現代社會責任的指南。 ☞38

▶八個目標領域 [Objectives in Eight Key Areas]

為實現經營策略的關鍵業務，有行銷、創新等八項，因為提到要取得目標間的平衡，被認為是平衡計分卡的根源。 ☞40

▶管理計分卡*

管理成績單，是杜拉克從事顧問諮詢工作時的概念，作者（森岡）結合焦點放在經營團隊的「經理人評分表」（前面提到），與以全體員工為對象的「八個目標領域」所做出的表單。

☞40、書末附錄

＊作者（森岡）追加的用語。

關鍵字加深印象！ 杜拉克的管理

▶五個重要問題 [Five Most Important Questions]

出現在《杜拉克：管理的使命、實務、責任》一書中，是構思事業策略時的基本程序。「目的與使命」、「顧客」、「顧客價值」、「成果」、「計畫」可以應用在各類組織的策略中。

☞26、書末附錄

▶經營團隊 [Top-Management Team]

總經理與高級幹部所組成的經營高層團隊，有時指經營會議與幹部會議的成員。 ☞27

▶經理人評分表 [Scorecard for Managers]

評估管理負責人在管理四領域「投資」、「人事」、「創新」、「策略」的工作表現的工具。 ☞27

▶奠基於資訊的組織 [Information-Based Organization]

出現在《管理先鋒》一書，是知識工作者服務的組織的理想樣貌，杜拉克説為了讓全員共有知識，同時從事依據資訊設計出的工作，組織階層會是小於四層的扁平結構。 ☞29

▶資訊責任 [Information Responsibility]

包括經營者在內的所有知識工作者，都要對自己發出並保有的資訊負責，出現在《下一個社會》中。為負起資訊責任，每個人都要有讀寫資訊的能力。 ☞30

進階閱讀

▶《彼得・杜拉克：使命與領導》[*Managing the Non-Profit Organization*／一九九〇年]

非營利組織是指不以賺錢為目的的組織，由認同這個理念的人們善心經營。從書中人物的親身經驗可以知道現實沒有想像中容易，除了活動資金，還要克服「沒有人追隨」、「競爭嚴苛」、「沒有願景」、「沒有後繼人選」等課題，杜拉克要教你讓自己成長的方法。

▶《杜拉克談未來管理》[*Managing for the Future*／一九九二年]

就像本書所預言的一樣，日本人還是每天早上搭著人擠人的電車，前往都市的高樓大廈上班，閱讀的同時好像在跟杜拉克討論。除了管理與組織，對領導能力、對人，你到底了解有多少？在閱讀的同時，也對杜拉克提出疑問，就能夠看出應該採取的行動。

▶《杜拉克談未來企業》[*Post-Capitalist Society*／一九九三年]

杜拉克說，每隔幾百年歷史就會出現巨大改變，從金錢買不到的事物中確認價值的新社會逐漸成形，他說這就是「管理革命」，而我們都是舵手。杜拉克讓我們同時看到過去與未來，讓我們發現到自己的能力，最後提到社會將因義工與教育而改變，是各界領袖人選所必讀的一本書。

▶《鑑往知來》[*The Future That Has Already Happened*／一九九三年]

杜拉克四十幾年來的論文選集，由杜拉克親自挑選，告訴我們技術與資訊對社會造成的影響、組織與社會的關係、組織與人的關聯等管理的本質。他從日本文化中學習到，並加入管理本質裡的是什麼呢？閱讀本書可以一窺杜拉克的哲學，也是第一本他自稱是「社會生態學家」的著作。

階段 5

學習杜拉克

給創新者的高級管理

本階段是杜拉克管理的高級篇，運用學過的管理理論貢獻社會、組織與自身成長的階段，是管理的第四階段。

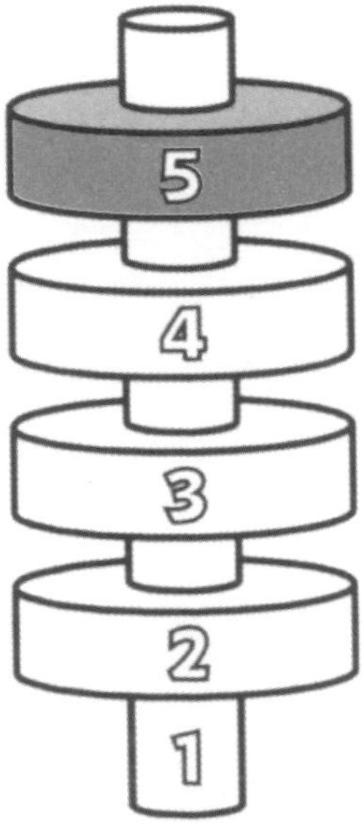

此階段的學習重點

學習杜拉克管理概念中，身為創新者最好要懂得的管理概念。創新者是指主動要打造更美好社會的人。

與社會分不開的企業家與第二人生

工作族總有一天要開始第二人生（本業以外的工作或者退休後有工作的人生），也是要從把自己當成老闆、以企業家精神工作的階段，進階到自動自發要改變社會的創新者的階段。當做好準備，廣義來說，就是要開始親身體驗創業（自己創辦事業）。

可能是在從事既有工作的同時開始做義工，也可能是離開組織自己成立公司，或者工作到退休之後再開始第二人生。如果退休之後再開始，就是在跟社會保持聯繫的同時，要為人生做總結的時期。

自己開創新局，行動要符合管理所要求的，與組織、社會的關聯也會跟過去有很大的不同，為此，也是重新確認杜拉克管理理論的時期。經過這一連串的步驟，一定能夠感受到自己的成長，並體會到人生的充實感覺。

41 想要有第二人生

想要一賭自己的可能性▼▼▼對現在的工作沒有不滿，但是想在別的領域發揮自己的能力。

每個人都對「第二人生」感到憧憬

日本人的平均壽命，男性是七十九・五九歲、女性是八十六・四四歲（厚生勞動省在二〇〇九年所做的統計），如果在六十五歲退休，一定有人不能忍受之後大約十五年的時間只能靠年金生活，因此甚至在退休前就會想要試試自己的能耐。

◎有人正過著充實的「第二人生」＊

我們來看一個例子，近藤亨在五十一歲時成為JICA（日本的國際合作組織）的農業指導員，並前往尼泊爾服務，努力為位於海拔二七五〇公尺偏遠山區的莫斯坦（Mustang，位於西藏邊境，尼泊爾境內）貧民提升生活品質，即使七十歲退休之後，他仍然繼續工作，並在二〇〇三年成立「特定非營利活動法人尼泊爾莫斯坦地區開發協力會」。

他不斷改良稻米品種，成功利用溶化雪水種稻，甚至養雞、養魚、種蘋果、蓋醫院學校、培養當地人才，並持續活動以尋求各方支援。他說，「我雖然已經八十六歲，但我有著偉大夢想還不能死」，持續在以身作則。

◎趁年輕規劃三個「第二人生」＊＊

杜拉克早就知道我們所追求的自我成長以及與社會的連結，無法在組

＊參考：近藤亨所著《莫斯坦爺爺的玩笑話》（ムスタン爺さまの戯言），新潟日報事業社。

＊＊參考：《21世紀的管理挑戰》。

織中獲得滿足，因此他說要趁年輕時規劃第二人生。

（1）為積極貢獻社會，要轉換跑道。

（2）參加**非營利組織**等的義工活動。

（3）自己成為**社會企業家**（解決社會問題的企業家）經營非營利組織。

要珍惜我們「想要貢獻社會」的心意。

◎為了擁有充實的「第二人生」，要做好足夠準備

第二人生不是率性離職，靠著手邊的資金與熱情創業就能得到。為了擁有充實的第二人生，我們需要準備。生涯規劃不要都交給保險公司，自己來打造才有意義。在平均壽命延長的今日，只要有幹勁而且身體健康，就可以一輩子貢獻社會。

工作時間拉長，意味著我們**跟社會產生聯結**，讓關係起作用的機會增加了。為了打造更美好的組織與社會，杜拉克說，管理自己很重要。

想要有第二人生

人生才開始。
想要賭一賭自己的可能性！
重要的是，年輕時候就開始規劃。
第二人生有三種模式。
（1）轉換跑道到比現在更能貢獻社會的組織。
（2）在從事本業的同時也參與做義工。
（3）成為社會企業家。
都需要有計畫地做準備。
要管理自己，規劃自己的人生。
學生
菜鳥
老手
退休

42 如何靠創業投資成功？

最近IT企業的成功案例受人矚目▼▼▼Google等成功的創投公司很多都跟IT有關，是不是IT公司的創業成本較低，較其他業界容易成功呢？

●成功不只限於IT企業

網購公司「日本網高田」（JapaNet Takata）與賣舊書的「Book Off」，有著業界不曾見過的充實品項，並且將供貨方式發展成為事業，這不就是廣義的成功創投案例嗎？不是因為是IT企業所以才會成功，成功的創投公司都有它們共通的地方。

◎創投公司的成功條件*

杜拉克舉出創投公司要成功的幾個條件。

（1）徹底觀察市場反應，並發展成機會——在第一時間處理顧客對產品與服務的意見（特別是出乎預期的），除了產品與服務，連供貨方式也都要迅速改善。

（2）做好財務管理——做好財務行政管理（特別是資金調度），備好經營與關鍵時刻（宣傳廣告與簽定重要合約）所需要的資金。

（3）創業者不要阻礙事業成長——創業者要與經營團隊的成員討論，決定事業的未來與自身應扮演的角色，如果沒有創業者可以派上用場的地方，或者當事人並不打算讓事業有所成長的話，就應該考慮退場。

（4）經營團隊的成員在創業前要建立互信，創業後要在各自擅長的領域發揮能力、負起責任。

＊參考：《創新與創業精神》第十五章。

（5）公司外有可以信賴，並能夠提供建言的人——有人可以讓創業者與經營團隊的成員請教。

創投公司沒有名氣是很正常的，光是要讓市場認識新產品與服務就不容易，當然還有資金與人才的問題。要克服這些課題獲得成功，就要在事前採取減輕失敗風險的對策。

◎創投公司缺乏管理就要失敗

創投公司有著社會的期待，杜拉克說醫療與教育領域、生化與養殖領域因為ＩＴ而掀起了很大的改變。要減輕失敗風險，優良技術、創意、豐富資金、人脈，缺一不可。

創投公司要成功，最重要的當然是不畏困難，堅持到底的**企業家精神**，但是光有企業家精神還是不夠，還**需要透過管理**，將優良技術與創意變成創造顧客的事業。

如何靠創業投資成功？

Apple好厲害！
Google也已經天下無敵了。
要創業是不是都得選擇IT創投公司？
成功的主因到底是什麼呢？
不是只有IT企業才能夠成功。
跟領域無關嗎？
創投公司的成功條件是：
（1）迅速因應市場反應。
（2）做好財務管理。
（3）創業者不阻礙事業成長。
（4）經營團隊要建立互信。
（5）公司以外有人可以請教。
原來如此！
創投公司也需要管理，不是光創業就好。
創業後還要讓它持續。
企業家精神
創投公司成功的條件

43 想創業

想要發揮所長創業 ▼▼▼ 無法忍受在組織中不能施展所長，想要趁早創業。

●創業不可以衝動

很多人一有創業構想，馬上衝動開公司，就投入創業行列了，結果都經營不順。創業前做好萬全準備，是創業成功的第一步。

◎創業不單是「冒險」

創業是在社會推動創新的舉動，如果那樣的信念真的能夠滿足社會需求，當然要讓它成功。創業投資有一定風險，但絕對不能冒險行事。杜拉克說，**盡可能減少風險去創業，才叫做企業家精神**，為了培養企業家精神，重要的是趁著還在組織裡，累積更多行銷與創新的經驗與成績。

◎在組織工作的同時還是能夠培養「企業家精神」

杜拉克說，**企業家精神就是工作**，他也說行銷與創新對企業家精神是很重要的。行銷是要滿足顧客需求，這在組織中有太多機會可以體驗，即使是不需要直接面對顧客的職場，還是有人會使用到我們的工作成果，所以公司裡有些同事就像是你的顧客，包括相關部門在內，要傾聽主管與下屬、同事的需求，思考如何滿足他們（到這裡為止是行銷），想盡辦法滿足他們（這就是創新）。

發揮領導能力並且實際做到，也是在訓練自己，在工作的同時培養企業家精神。

◎應該趁著在組織工作的期間，培養「創業所需的管理能力」

創業要成功，要能滿足**創投公司的成功要件**參考42，聚焦在提供符合顧客與市場需求的產品與服務，以及提供產品與服務的方法上，要訂出財務目標、釐清創業者本身應扮演的角色，同時找出經營團隊的人選與可靠的顧問人選。

杜拉克說成立創投公司時，最好已經有五到十年的經營管理經驗，或者在大公司有五到八年業務工作的經驗。

企業家精神要有管理能力才能持續，**趁著還在組織工作時培養管理能力**，是創業的條件。

想創業

我想創業！
我已經
等不及了！
辭呈
要趁著還在組
織工作時培養
管理能力。
辭呈
創業不可
以憑一時
衝動。
START
好，
拼了！
行銷
創新
要累積許
多經驗。
創業
經營管理
創業是沒有
捷徑的。

44 想要在NPO等社會部門工作

想要即刻對社會有所助益▼▼▼對本業沒有什麼不滿，但是如果能夠發揮所長，想要在NPO擔任義工。

●要珍惜這個動機

有些需要義工的安養院會依據義工的服務時數與表現，在未來當事人打算入住該安養院時，可以享受入住金額的折扣優惠。這是現在自己服務老人，老了以後多少也能享受到幫助的制度。

◎「改變人類」是社會部門的目的

杜拉克說「NPO」等社會部門的目的是要改變人類，學校要透過教育改變人類，讓人生更美好。醫院的目的是治療患者的疾病讓患者恢復健康，目的是要讓病人變成健康的人。

從內閣府的資料*可以知道，目前日本全國推動「保險、醫療、社會福利」、「社會教育」、「孩童健全成長」、「社區營造」、「環保」、「振興學術、文化、藝術、體育」等的非營利組織有二二四〇個。這些團體都是要解決社會與人類問題，為打造美好社會不能沒有他們，這類NPO等社會部門所扮演的社會角色，有別於企業是很重要的。

◎職場團體有其限制

應該沒有人會否認，人是群居動物，無法離群索居，而且大家一定都希望社會更美好。杜拉克基本上跟我們一樣，他在第二次世界大戰的當時，在企業職場中追求讓社會更美好的關係，也因此了解到從事經濟活動的職場有其限制。就連在日本，終身雇用制度的優點（技術可越趨成熟等）也逐漸消失中。

＊參考：「平成二十年度特定非營利活動法人實態及認定特定非營利活動法人制度利用狀況調查報告書」，日本內閣府國民生活局。

◎工作族要獲得成就感，不能沒有「公民權」

如果知識工作者無法在職場獲得成就感，為了滿足這一塊，就會把寄望放在社會部門上。相信已經沒有人會對政府抱持太大期望，現在是思考「我們可以做些什麼讓社會更美好」，取回**公民權**的時代。杜拉克在解釋公民權時，會舉宣揚「**民有、民治、民享**」的**林肯***為例。

據說杜拉克是在一九五〇年代從非營利組織中發現新希望，看到社會部門努力滿足社會需求、解決社會課題，而了解到為實現美好社會的公民活動的重要性。

＊ 林肯（Abraham Lincoln，一八〇九～一九六五）：美國第十六任總統，他在一八六三年十一月十九日蓋茲堡演說中提到這個理念。

想要在NPO等社會部門工作

45 要讓NPO等社會部門成功

希望積極貢獻社會▼▼▼最近對本業感到厭倦，希望實際對社會有所貢獻，想要乾脆成立NPO貢獻社會，為了成功，有沒有需要注意的地方呢？

●以開公司的心態成立NPO會失敗

非營利組織不像一般公司，目的不是為了賺錢，不講「薪水得靠自己賺」，也不會跟員工說「不要成為公司的負擔」。

◎NPO的成功關鍵還是領導能力與行銷

非營利組織是要讓社會更美好的存在，組織裡的每個人從事活動時都清楚知道目的與使命，並因此建立起成員的情誼。

要讓這類組織成功，杜拉克說，**領導能力與行銷策略很重要**，首先要有一位能夠將組織目的與使命具體化的領袖，他要有能力解決組織課題、滿足眾人期待。具體來說，要能「傾聽他人意見」、「清楚傳達個人意志」、「不找藉口」、「沒有個人小我，只有『我們』」。

在《彼得・杜拉克：使命與領導》一書與科特勒的對談中，他指出「主攻狹縫市場（小規模市場）的行銷策略有助非營利組織成功」。

◎確保資金所必須要做的事情*

非營利組織一般都缺錢，因此該如何成功確保資金呢？「組織的理事們要率先每年捐錢」、「對可能的贊助者清楚說明組織的獨特性」、「不要依賴捐款大戶，要增加小額捐款者的數目」、「請捐款人參與組織活動」等。另外，前提是組織全員要對目的與使命有強烈自覺。

＊參考：山岸秀雄編著《美國的NPO》（アメリカのNPO），第一書林出版。

◎「下一個社會（Next Society）」的主人翁

非營利組織的工作成果可以根據「解決多少社會課題」進行驗收。如果是學校，可以從學生身上看出管理成果；如果是醫院，可以從接受治療的患者身上看出管理成果。即使是研究會與同好會這類沒有法人格的團體，還是可以藉著賦予每一個人任務建立起社群關係，**這種關係將成為打造下一個社會的力量。**

杜拉克說，非營利組織為知識工作者提供了有意義的社群。日本自古以來就存在寺廟這類非營利組織，因此他對文人輩出，帶領日本明治維新的日本社會部門的發展充滿期待。

要讓NPO等社會部門成功

對本業感到
厭倦……
想要成立NPO，
積極貢獻社會。
用經營公司的方
法經營NPO會失
敗喔！
非營利組織的成功條件為——
（1）領袖要是組織的模範。
（2）擅長行銷（主攻狹縫市場）。
（3）確保資金來源（維護與捐款人的關係）。
（4）建立社群關係。
這些都是需要確實做好準備的地方。
非營利組織將成為打造社會關係的巨大力量。
好，我會加油！

46 退休後想要隱居

差不多該規劃退休後的生活▼▼▼ 雖然稱不上為本業鞠躬盡瘁，但是退休後想要放鬆旅行，玩盆栽、打高爾夫球。

不可能斷了跟社會的關係

活在世上一天，就跟全球經濟、環境問題、政治以及地區社會脫不了關係。事實上，在現今社會，要隱居完全斷絕跟外界的關係，不是一件容易的事情。玩盆栽玩久了，也會想參展與人交流，打高爾夫球會交到球友，還是要跟社會維持一個良好關係。

◎杜拉克九十五歲還在工作

杜拉克到了九十五歲還是**不提退休***。事實上，他在退休之後還是繼續在大學教書、寫論文，每三年就訂出一個學習計畫，繼續研究劇作家莎士比亞與小說家巴爾札克（Honoré de Balzac）。有人問他「沒事的時候都做些什麼？」，他反問那人「沒事的時候是什麼意思？」。杜拉克就是這樣，**一輩子不退休**。

◎甚至有「第三人生」

日本有名的例子是已經九十九歲高齡（二〇一〇年十二月時），還在帶領自己成立的財團法人，同時也是執業醫師的日野原重明醫師。二〇一〇年夏天，他在自己企劃的音樂劇的紐約公演最後大合唱中，還能跟孩子們在舞台上隨著音樂起舞。

他稱**七十五歲以上的人是新老人，在提倡「第三人生」**的同時，也為

＊參考：《杜拉克自傳》（*My Personal History*）。

世人做出示範。

◎精神面的成長沒有所謂退休*

人的成長有精神面與技能面，杜拉克以畫達摩肖像的白隱禪師為例，指出**追求精神完美的成長沒有年齡限制**。

藝術、藝能、工藝等的世界有所謂的人間國寶、文化勳章（杜拉克在〈從日本畫看日本〉這篇論文裡也有提到），身體會衰老，但是只要還活著，精神的成長就沒有止盡。

不論參加地區的義工活動或者加入社團，都要負擔任務與責任，也一定都有前輩、晚輩、主事者，在這種場合，過往學過的管理概念一定都能派上用場。對社群有所幫助，除了能夠讓社會變得更美好，也可能幫助自己成長。

＊參考：《生態願景》（*The Ecological Vision*）第十一章。

退休後想要隱居

唉，我已經燃燒殆盡了……
退休後要好好休息。
!
!
且慢，你跟社會的關係還是存在的。
要學習日本的美好文化，繼續精神面的成長。
杜拉克也是一輩子沒退休。
白隱禪師
醫生
人間國寶
精神面的成長沒有止盡。
辛苦了。
運用管理的知識與經驗。
建立新的夥伴關係。
好好照顧精神面。
謝謝。
多多指教
高爾夫球友
義工
企業、組織
社團

47 希望有辦法因應經營環境的激烈變動

跟二十世紀很明顯的不同▼▼▼ 日本國內外的社會與經濟局勢每天都在變化，該如何看待經營環境的變化呢？在ＩＴ與網路瞬息萬變的今日，經營也受到各種資訊影響，感覺真像在一團亂流中。

經營環境在根本上有了怎樣的改變呢？

人口出生率告訴我們，日本的人口正在減少，市場與社會也在二十一世紀有了激烈變化，我們容易只看到眼前的變化。思考短期對策固然重要，但還是要先就經營環境的根本變化加以分析。

◎二十一世紀的特徵變化是「資訊革命」帶來的

國家之間的貿易摩擦、各國匯率的攻防戰、先進國家與新興國家簽署的各種地區經濟協定等，讓國與國之間的利害關係越來越複雜。

環境問題依然沒能獲得解決，「名古屋議定書」提起的保護生物資源，也因為全球化企業與國家間的利益衝突而困難重重，國際經濟也是難題多如山。但是另一方面，企業的社會責任也已經有了新的方向（ISO9004、ISO26000等）可以依循。

日本因為少子高齡化等原因，導致人口結構改變，勞動人口中製造業人口減少、高齡勞動人口增加，有各種變化。經濟動向方面，景氣低迷、日圓升值股市疲軟的狀況依然持續。

杜拉克把普及全世界的網路為社會與經濟帶來影響的現象稱為**資訊革命**，他說電子商務就像蒸汽火車之於過去的產業革命，已經出現徵兆的**下一個社會**就在眼前，真正的資訊革命即將到來。

◎工作族與顧客也產生巨變

杜拉克也說，會有更多**高階技術員**[參考13]，而高階技術員希望貢獻社會、活出自己，更甚賺錢。他們會為了發揮所長而更換跑道，退休後也繼續工作。

另外，工作型態越來越多樣，像是自由上下班、在家工作、計時工作等，隨著知識工作者的比率增高，知識工作者同時也是企業、醫院、學校、社會部門的消費者、顧客。

除了老年人口增加以外，年輕的單身族群也增加了，生活型態越來越多樣，購物行為也衍生出網路購物、郵購等各種方式。

現在，顧客擁有的知識與資訊或許比組織多，加上受到全球化的影響，市場與組織也越來越多元、越來越**多樣化**（Diversity）。在經營環境變動劇烈的現在，有系統地分析這類組織外的資訊，同時發揮企業家精神，投入行銷與創新很重要，期待各類組織都能夠成長，成為新的組織。

希望有辦法因應經營環境的激烈變動

局勢演變太過劇烈了！
貿易摩擦
貨幣匯率
全球化
環境問題
讓人無所適從啊！
要判斷經營環境的變化！
真正的資訊革命即將到來。
知識工作者與高階技術員增加
工作型態的多樣化
消費者質的變化
家庭組成與生活型態的變化
運用IT
購買行為的多樣化
郵購、網購等。
知識與資訊在顧客手中，要發揮企業家精神，投入行銷與創新。
要活用組織外的資訊。

48 二十一世紀，我們公司該何去何從？

希望經營有所依循▼▼▼ 日圓升值、股市低迷，國內經濟不景氣外，劇烈變動的國際局勢也讓人不安，國內市場持續萎縮，日本企業都在探尋未來的走向，我們公司到底該何去何從呢？

二十一世紀日本企業的應有樣貌

日本政界與財界不斷推出成長策略，但是都還沒有一個明確的方向，幸運的是，雖然受到全球化的影響，還是有日本企業在新興國家發展事業，有不錯的成績。讓我們藉著這個機會來想想二十一世紀應有的經營方式。

◎杜拉克大力讚揚「明治維新」與「日本的戰後復興」

杜拉克對於明治維新與二次世界大戰後，發生在日本的社會變革與經濟發展有很高的評價，他說明治維新多虧了有企業家精神的先鋒們發明自動織布機、開拓定期航線、建構現代金融體系。他也對戰後奉行戴明博士的品質管理（QC）與杜拉克的管理教育的當時的企業家們，有極高評價。

◎杜拉克認為「今後日本企業應該重視的四點」

歸納杜拉克在各著作中提到的，今後日本企業要踐履的應該是以下四點。

（1）提升能力，獲得組織所設定的目標成果——加強行銷與創新，提供年輕優秀員工發揮的平台。參考33、34

（2）經營組織要順應資訊動向規劃工作，充分運用IT，並且重視知識與資訊——進一步提高工作與組織的產能。參考18、29、30

（3）建構可以讓知識工作者與高階技術員自發工作的人事制度，同時重視人才，退休後以約聘方式繼續重用人才[參考31、34]。

（4）善盡社會責任——①嘗試將環保與雇用等社會需求發展成事業，②需要有管理制度，讓在組織工作的每一個人都像個管理者，實際感覺到自己是對社會有幫助的，都能發揮企業家精神[參考39、40]。

踐履這些事情，是開創下一個社會的創新者的任務。

◎杜拉克期待「日本第三次改革的企業家出現」！

杜拉克說，經營團隊除了要清楚指出組織的目的與使命外，還要從經濟以及用人的角度重新審視組織，打造有助社會的組織。另外，也要重新審視與政府的關係，要自立不依賴政府，為實現更美好社會而努力，而這也將彰顯企業人格。

進行國際性的業務合作時，要尊重他國的價值觀與多樣性，為社會提供全球化企業的典範。**杜拉克期待繼明治維新與戰後復興，領導「日本第三次改革」的創新者出現。**

二十一世紀，我們公司該何去何從？

公司該何去何從？
……
該何去何從呢？
日本的黎明！
太陽會再升起的！
要以日本的偉大前輩為師，思考二十一世紀經營的應有方式。
日本企業的課題有——
（1）在本業做出成果。
（2）將IT運用在經營上。
（3）提高知識工作者的產能。
（4）① 善盡社會責任。
② 每個人都把自己當成管理者負責工作。
第三次改革
下一個社會
第二次改革
戰後復興
第一次改革
明治維新
打造下一個社會是我們的職責。
以成為貢獻日本、全世界的自立公司為目標！
期待可為世界典範的第三次創新者在日本出現。

▶精神完美 [Spiritual Perfection]

將人生的重心放在追求智慧而非知識上，追求完美精神的心理狀態。是追求人生意義的生活方式，要讓自己成長的意志，杜拉克以白隱禪師為例做說明。 ☞46

▶多樣化 [Diversity]

人事勞務用語，指不因為人種、性別、年齡、信仰等而有差別待遇（薪水、職務、晉升等），要雇用各式各樣的人。杜拉克心目中的理想社會是多元的（價值觀不同）個人與組織、國家共生的社會。 ☞47

▶ISO9004＊

從品質管理觀點出發，「要讓組織永續成功的營運管理」的國際規格，內容是有關因應顧客、股東、組織成員、交易廠商、社會期待（遵守法規、環境保護、重視倫理）的組織營運（經營）。 ☞47

▶管理 [Management]

發揮個人所長達到組織目的，實現美好社會的知識系統與方法，有三個面向，①要達成組織最初的目的與成果、②讓人與組織發揮所長、③善盡社會責任。有的時候與「管理者」同義。

☞48

＊ 作者（森岡）追加的用語。

關鍵字加深印象！ 杜拉克的管理

▶第二人生 [Second Half of Your Life]

杜拉克表示，這包括更換跑道到可以對社會更有貢獻的組織、參加本業以外的社會部門的義工活動、自己成為社會企業家。 ☞41

▶創投公司 [Venture]

開創新事業不怕風險，在既有企業也可以這麼做，日本稱這是「公司內創投」。杜拉克稱這些完全不同於既有企業的事業組織為「新創投」（New Venture）。 ☞42

▶NPO（非營利組織）[Nonprofit Organization]

包括具備法人格的財團法人、社團法人、社會福利法人、學校法人、醫療法人、宗教法人、特定非營利活動法人等，以及任意團體、校友會、里民大會等不具備法人格的組織。☞41、44、45

▶社會部門 [Social Sector]

非營利組織的另外一種稱呼，目的是要讓人類與社會變得更好。杜拉克指出，日本明治維新的背後，是江戶時代文人們所創設的私塾等社會部門。 ☞44、45

▶公民權 [Citizenship]

思考「能夠為社群與社會做些什麼」並且展開行動。以義工身分參加社會部門的活動，可以實際感受到對社會與人類的貢獻，並且感受到成就感。 ☞44

▶社會聯結 [Social Cohesion]

指組織、心理、文化、經濟方面的凝聚力，杜拉克指出日本有先進國家難得一見的社會聯結力。 ☞41

1966（56）	出版**《杜拉克談高效能的5個習慣》**，獲得日本政府頒贈勳三等瑞寶獎章。
1969（59）	出版**《真實預言！不連續的時代》**，提倡「民營化」。
1971（61）	移居克萊蒙（南加州），在克萊蒙大學創設管理研究所。
1973（63）	出版**《杜拉克：管理的使命、實務、責任》**。
1976（66）	出版**《看不見的革命》**。
1977（67）	出版《管理導論》（***An Introductory View of Management***）。
1979（69）	出版**《旁觀者－管理大師杜拉克回憶錄》**。在克萊蒙大學開始教長達五年的日本畫。
1980（70）	出版**《動盪時代中的管理》**。
1981（71）	出版〈日本成功的代價〉及其他論文、《最後可能出現的世界》（***The Last of All Possible Worlds***）（小說）。
1982（72）	出版《變動中的管理界》（***The Changing World of the Executive***）。
1985（75）	出版**《創新與創業精神》**。
1986（76）	出版**《管理先鋒》**。
1989（79）	出版《新現實》（***The New Realities***）。
1990（80）	出版**《彼得・杜拉克：使命與領導》**。
1992（82）	出版**《杜拉克談未來管理》**。
1993（83）	出版**《後資本主義社會》**、**《鑑往知來》**。
1995（85）	出版**《杜拉克看亞洲》**、**《巨變時代的管理》**。
1996（86）	《看不見的革命》（***The Unseen Revolution***）重新出版後更名為《退休金革命》（***The Pension Fund Revolution***），成為暢銷書。
1998（88）	《責任與擔當－杜拉克談專業經理人》（***Peter Drucker on the Profession of Management***）
1999（89）	出版**《21世紀的管理挑戰》**。
2000（90）	出版日本特別企劃之杜拉克精選系列，有《個人篇》、《管理篇》、《社會篇》、《創新管理篇》（2005）。
2002（92）	出版**《下一個社會》**，獲美國總統頒贈「自由勳章」。
2003（93）	出版《運作健全的社會》（***A Functioning Society***）。
2005（95）	日本經濟新聞連載《杜拉克自傳》，11月11日長眠於家中。

杜拉克年表

紅字：「進階閱讀」中介紹的著作。 **粗體字**：「七項體驗」的出處。

年（年齡）	事件、著作
1909（0）	11月19日出生於維也納。
1914（4～5）	第一次世界大戰發生（～18），上小學。
1918（8）	與精神分析之父佛洛伊德見面、握手。轉學到私立小學，**班導艾爾沙老師教他記錄工作日誌**。
1919（9～10）	上中學，父母親經常邀請名人在家開派對，杜拉克也都會參加。
1923（13）	參加社會主義者的示威遊行，手持紅旗走在隊伍前頭，但是中途脫隊。**接受宗教課老師教誨**。
1927（17～18）	在德國漢堡的貿易公司實習，進入漢堡大學法學院。**觀賞作曲家威爾第的歌劇受到感動。讀到古代希臘雕刻家菲狄亞斯的故事，並受到啟發**。
1929（19～20）	進入法蘭克福的美商投資銀行擔任證券分析師。轉進法蘭克福大學法學院，因紐約股市暴跌失去工作，全球經濟大蕭條，成為報社記者。**學會讀書的方法論，總編輯教他定期審視工作狀況**。
1931（21）	在法蘭克福大學擔任助教，取得國際法的博士學位。認識之後成為他妻子的桃樂絲（Doris Drucker）。
1932（22）	多次採訪希特勒。
1933（23～24）	納粹掌權，移居倫敦，從證券分析師的身分變成**銀行資深合夥人的助理**。旁聽經濟學家凱因斯的課。在日本畫展中第一次接觸到日本文化並深受吸引。
1937（27）	與桃樂絲結婚，搭船旅行兼渡蜜月。移居美國，擔任英國報社的美國特派員。
1939（29）	出版《經濟人的末日》。德軍進攻波蘭，發生第二次世界大戰（～45）。
1942（32）	出版《工業人的未來》。擔任美國陸軍部顧問。相中戴明。成為貝林頓學院教授。
1943（33）	受GM委託展開調查（18個月），之後出版《企業的概念》（*Concept of the Corporation*）這本書（1946）。
1945（35）	**研究歐洲近代史，發現兩個社會組織成長的共通方法**。
1949（39）	擔任紐約大學教授，就任經營學院第一任院長，邀請戴明擔任教授。
1950（40）	出版《全新的社會》（*The New Society: The Anatomy of Industrial Order*），與父親阿道夫一同拜訪經濟學家熊彼得。
1954（44）	出版《彼得・杜拉克的管理聖經》。
1957（47）	出版《明日的里程碑》（*Landmarks of Tomorrow*）。
1959（49）	首度訪日，出席箱根研討會發表演講，主題是「IT與經營」。
1964（54）	出版《成效管理》。

進階閱讀

▶ **《杜拉克看亞洲》[*Drucker on Asia - A Dialogue between Peter Drucker and Isao Nakauchi*／一九九五年]**

集結中內功（大榮創業者）與杜拉克往來信件所成的一冊，提到打造新社會時所需要的教育與創新知識以及方向性，並且談到個人、企業、政府改變自己的具體方法。中內的提問與見解也都很優秀，而杜拉克誠摯的建議讓人感動。

▶ **《巨變時代的管理》[*Managing in a Time of Great Change*／一九九五年]**

本書最開頭是一篇採訪杜拉克的文章，導正了知識人的傲慢與管理者的動機。書中論述「管理」與「奠基資訊的組織」，補強並改善了他的「管理」理論，提高了理論的完成度。「真正的產能如何產生」、「日本與中國在全球經濟的定位為何」——想要知道答案的人請閱讀本書。

▶ **《21世紀的管理挑戰》[*Management Challenges for the 21st Century*／一九九九年]**

杜拉克說本書是刺激讀者行動的管理書，可以了解伴隨二十一世紀社會、政治、經濟的變化，往新時代前進的組織管理該如何改變，以及我們該如何管理自己。為了成為二十一世紀的勝者，該採取哪些具體行動呢？

▶ **《下一個社會》[*Managing in the Next Society*／二〇〇二年]**

他正視資訊社會，訴諸我們的感性，告訴我們「下一個社會」已經到來。雇用、組織、政治、經濟都將改變的「已經發生的未來」是指什麼？「下一個社會」又是指什麼？如何實現呢？除了深入淺出的介紹外，也收錄推崇日本的論文，讓人預見二〇三〇年的社會。

結語——為了我們的成長與更美好的社會

本書的五個階段，跟杜拉克最喜歡的，代表日本文化的「五重塔」[譯註1] 有相同結構。歷經千年的風雪與地震洗禮，依然屹立不搖的這個建築物，其特徵就在它的心柱（就是本書的階段１）。因為有這個心柱，不管外界怎麼變動，整座塔還是能夠維持穩定。「東京天空樹」[譯註2] 也採用了這個原理。

我們每個人都將管理應用在現實生活中，就能在五重塔的五樓再加蓋樓層。如何運用管理，要跟組織與社會保持怎樣的關係，取決於我們自己。希望每個人都能夠在工作上發揮自己所長，讓社會更美好。

為完成本書，我花了相當長的時間研究，也獲得許多人的協助。在結合ＩＴ與杜拉克理論的「ＣＩＯ養成講座」（已經開辦十屆）部分，要感謝日本經濟新聞社的橫川泰造先生與原科晴光先生、日經ＢＰ社的古島宣之先生、西頭恒明先生、上村健之先生、吉川和宏先生。在「師法杜拉克!!『創造顧客的行銷策略』、『發揮作用的目標管理的條件』講座」部分，要感謝行銷研究協會的後藤辰夫先生提供協助。在杜拉克學會・杜拉克「管理」研究會的部分，要感謝全體會員、上野周雄先生（杜拉克學會理事）、伊藤年一先生、片貝孝夫先生、升岡勝友先生、神原孝行先生等人，對研究會的活動等提供許多建議。另外，新技術開發中心的細井敏雄社長、餐廳老闆三石昌夫先生也惠賜許多寶貴意見。

最要感謝的是撰寫本書時，杜拉克學會的上田惇生代表對我的鼓勵，在本書完成前給予一貫不變的精神支持。上田先生與杜拉克學會的藤島秀記代理代表，甚至親臨「CIO養成講座」進行專題演講，我對他們的感謝無法言喻。

另外，沒有插畫家橫井智美小姐與中經出版的藤田悠先生，這本書將無法成形，也非常感謝中經出版的菊池正英顧問給我寫這本書的機會以及諸多照顧。

最後要對杜拉克先生與其家人、協助我的許多人士致上由衷感謝。

森岡謙仁

譯註1：日本佛塔的型式之一。

譯註2：Tokyo Sky Tree，高六四三公尺，全球第一高塔。

ideaman 128

一看就懂！圖解1小時讀懂杜拉克

原著書名——図解 ドラッカー入門
原出版社——KADOKAWA中経出版
作者——森岡謙仁
譯者——朱麗真
企劃選書——劉枚瑛
責任編輯——劉枚瑛

版權——黃淑敏、吳亭儀、劉鎔慈、江欣瑜
行銷業務——黃崇華、周佑潔、張媖茜
總編輯——何宜珍
總經理——彭之琬
事業群總經理——黃淑貞
發行人——何飛鵬
法律顧問——元禾法律事務所 王子文律師

出版——商周出版
台北市104中山區民生東路二段141號9樓
電話：(02) 2500-7008　傳真：(02) 2500-7759
E-mail：bwp.service@cite.com.tw
Blog：http://bwp25007008.pixnet.net./blog
發行——英屬蓋曼群島商家庭傳媒股份有限公司城邦分公司
台北市104中山區民生東路二段141號2樓
書虫客服專線：(02)2500-7718、(02) 2500-7719
服務時間：週一至週五上午09:30-12:00；下午13:30-17:00
24小時傳真專線：(02) 2500-1990；(02) 2500-1991
劃撥帳號：19863813　戶名：書虫股份有限公司
讀者服務信箱：service@readingclub.com.tw
城邦讀書花園：www.cite.com.tw
香港發行所——城邦(香港)出版集團有限公司
香港灣仔駱克道193號超商業中心1樓
電話：(852) 25086231　傳真：(852) 25789337
E-mailL：hkcite@biznetvigator.com
馬新發行所——城邦(馬新)出版集團【Cité (M) Sdn. Bhd】
41, Jalan Radin Anum, Bandar Baru Sri Petaling,
57000 Kuala Lumpur, Malaysia.
電話：(603)90578822　傳真：(603)90576622
E-mail：cite@cite.com.my

美術設計——copy
封面繪圖——袁燕華
印刷——卡樂彩色製版有限公司
經銷商——聯合發行股份有限公司 電話：(02)2917-8022　傳真：(02)2911-0053

2012年（民101）4月初版
2021年（民110）8月10日初版
定價380元　Printed in Taiwan　
ISBN 978-626-7012-03-1

國家圖書館出版品預行編目(CIP)資料

一看就懂！圖解1小時讀懂杜拉克 / 森岡謙仁著；朱麗真譯. -- 2版. -- 臺北市：商周出版：
英屬蓋曼群島商家庭傳媒股份有限公司城邦分公司發行, 民110.08 240面；14.8x21公分. -- (ideaman；128)
譯自：図解ドラッカー入門　ISBN 978-626-7012-03-1 (平裝)　1. 企業管理　494　110009698